LINE ライン 入門

［改訂新版］

岩間麻帆

技術評論社

本書の使い方

本書の各セクションでは、手順の番号を追うだけで、LINEの基本的な操作方法がわかるようになっています。

上から順番に読んでいくと、操作ができるようになっています。解説を一切省略していないので、迷うことがありません！

操作の補足説明を示しています

Section 21
後からグループに招待しよう
新たにグループに追加したい友だちができた場合、招待してメンバーに追加することができます。招待はグループに参加しているメンバーであれば誰でもできます。
友だちをグループに追加しよう
スマホ初心者必見！
完全無料の定番アプリをチェック…
入れてないのはもったいない！
AD・グノシー
ワインを楽しむ会 (3)
かもめサークル (3)
鈴木　花子
11:02
ホーム
トーク
VOOM
ニュース
ウォレット
1 をタップします
2 招待するグループをタップします
かもめサークル(3)
今日
11:39
技評　良子が鈴木　花子, かもめIT教室 岩間をグループに追加しました。
3 グループのトークルームが表示されます
4 ☰をタップします
104

スワイプ、ドラッグなどをする部分は、••••▶で示しています

操作のヒントも書いてあるから
よく読んでね

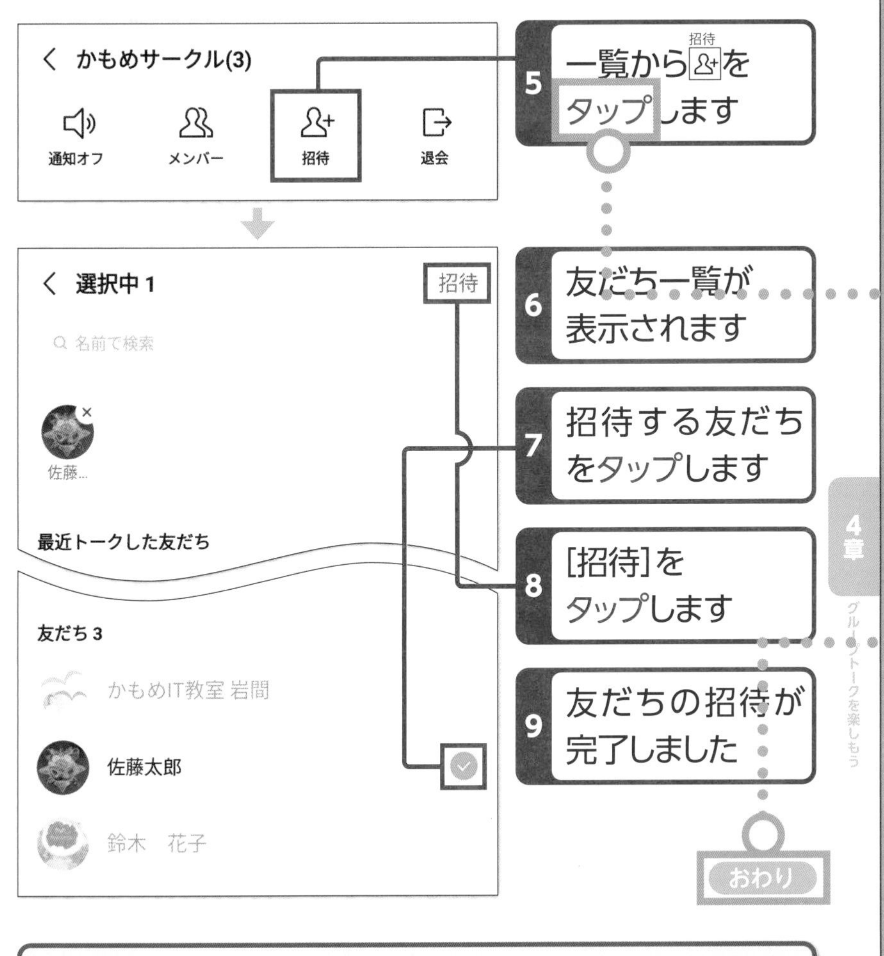
かもめサークル(3)
通知オフ
メンバー
招待
退会
5 一覧から招待をタップします
選択中 1
招待
名前で検索
佐藤...
6 友だち一覧が表示されます
7 招待する友だちをタップします
最近トークした友だち
8 [招待]をタップします
友だち 3
かもめIT教室 岩間
佐藤太郎
鈴木　花子
9 友だちの招待が完了しました
おわり
4章
グループトークを楽しもう

基本操作を赤字で示しています

ほとんどのセクションは、2ページでスッキリと終わります

Column グループへ招待できるのはグループを作成した人だけ?

グループへの追加招待は、グループのメンバーであれば誰でも自分の友だちを招待することができます。つまり、ほかのメンバーが招待した、自分の友だちリストにのっていない人とでも、グループ内ではトークすることができます。

105

操作の補足や参考情報として、コラム(Column)を掲載しています

大きな字でわかりやすい LINEライン入門 [改訂新版]

第2章　友だちとトークを楽しもう　44

第3章　音声通話やビデオ通話を楽しもう　82

第4章 グループトークを楽しもう 96

第5章 公式アカウントを友だち登録しよう 122

第6章 LINEを安心して使おう 138

第7章 知っておきたいLINE Q&A 152

ご注意：ご購入・ご利用の前に必ずお読みください

- 本書は、LINE（ライン）アプリの基本操作を解説する書籍です。
- 本書の画面は、Andoroidスマートフォンおよび iPhoneのものです。別バージョンのOSをお使いの場合や機種によっては、本書の画面内容と異なる場合がございます。本書の執筆に利用したOSおよびアプリのバージョンは以下の通りです。
  ・Android 13／LINEアプリ 13.11.2
  ・iOS 16／LINEアプリ 13.11.0
- アプリ（ソフトウェア）やインターネットのサービスに関する記述は、特に断りのない限り、2023年7月時点での最新バージョンをもとにしています。OSやアプリ（ソフトウェア）のバージョンアップ、各種サービスの変更によって、本書での説明とは機能内容や画面図などが異なってしまうこともあり得ます。あらかじめご了承ください。
- 本書に記載された内容は、情報の提供のみを目的としています。したがって、本書を用いた運用は、必ずお客様自身の責任と判断によって行ってください。これらの情報の運用の結果について、技術評論社および著者はいかなる責任も負いません。

以上の注意事項をご承諾いただいた上で、本書をご利用願います。これらの注意事項をお読みいただかずにお問い合わせいただいても、著者および技術評論社は対応しかねます。あらかじめご承知おきください。

第1章

LINEを始めよう

LINEとは、友だちや家族と、簡単に楽しくコミュニケーションを取ることができるアプリです。まずはLINEの特徴を理解し、LINEを利用するのに必要なアカウントの作成や、初期設定を行っていきましょう。

この章でできるようになること

LINEについての概要がわかります！

14～17ページ

技評　良子
ステータスメッセージを入力
BGMを設定
公式アカウント
友だちリスト　すべて見る

友だちを追加

LINEでできること、LINEを利用するまでの流れなどを確認することができます

LINEへの登録ができます！

18～37ページ

LINEのインストール方法、アカウントの作成手順を参考に設定しましょう

LINEへようこそ
無料のメールや音声・ビデオ通話を楽しもう！

プロフィールの設定ができます！

38～43ページ

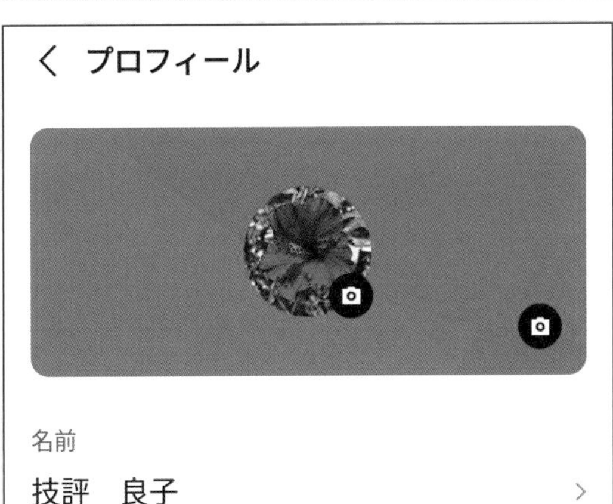

友だちへの目印にもなるように、自分のプロフィールを設定しましょう

Section 01

スマートフォンの基本操作を確認しよう

スマートフォンの画面で操作する際、指で動作を使い分けて操作します。ここでは、スマートフォンの基本的な操作とその用語を確認しておきましょう。

●タップ

スマートフォンで一番よく使う操作です。指先で軽く画面を1回たたきます。メニューを選択したり、アプリを起動したりするときなどに使います。

●ナビゲーションキーを使う

Androidでは、画面の下部にナビゲーションキーが表示されています。ホームキー●をタップするとホーム画面に戻り、戻るキー◀をタップすると1つ前の画面に戻ります。

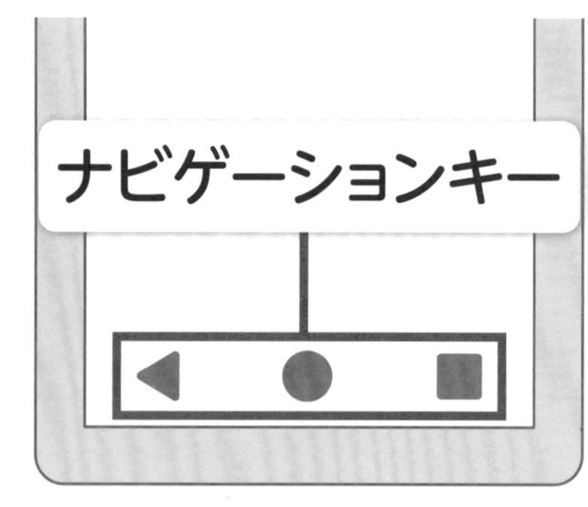

●スワイプ

画面上に指先を押し当てて、なぞるように左右、または上下に滑らせます。

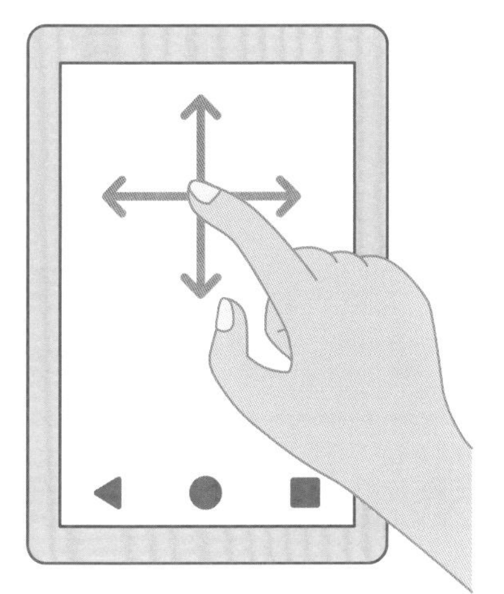

●スワイプで操作する

Androidでナビゲーションキーがない場合やiPhoneでは、画面の下はじから中央にスワイプするとホーム画面に戻ります。画面の左はじから中央にスワイプすると1つ前の画面に戻ります。

●長押し（ロングタッチ）

画面の同じ場所を指先で押し続けます。メニューが表示されたり、文字が選択されたりしたら指を離します。

●ドラッグ

指先を画面に触れたまま、アプリのアイコンやバーなどを違う場所に動かす操作をドラッグといいます。

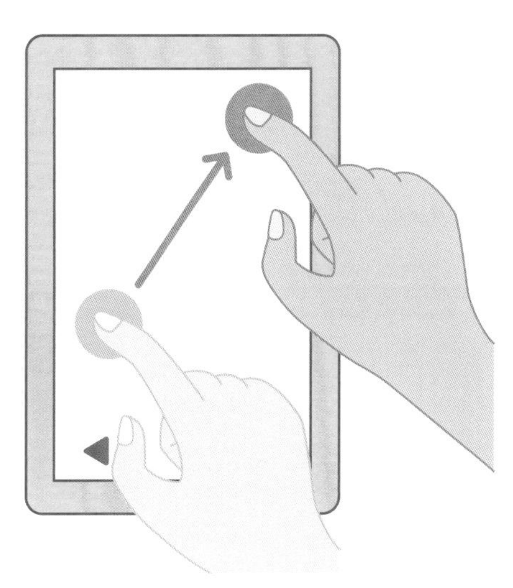

おわり

Section 02

LINEとは

メールよりも手軽に使え、スタンプ・無料通話といった便利な機能も持つLINEは、急速に広まり使われるようになりました。ここでは、LINEでできること、メールとの違いを確認しましょう。

LINEでできること

「LINE（ライン）」は、家族や友だちと気軽にコミュニケーションをするためのアプリです。LINEを使ってできることを見てみましょう。

●様々なメッセージをやり取りできる（56〜81ページ）

文字、スタンプ、写真などを友だちとやり取りすることができます。メールよりも気軽にやり取りできるのがLINEの特徴です。

●複数人でグループを作りコミュニケーションできる（96〜121ページ）

LINEでは、友だちと1対1でのメッセージのやり取りだけでなく、仲の良い人たちでグループを作ってコミュニケーションを取ることができます。

●通話ができる（82〜95ページ）

LINEに登録された友だち同士であれば、インターネットを使って通話をすることもできます。

LINEとメールの違いは?

LINEとメールの主な違いについても見てみましょう。

●LINEには「件名」がいらない

LINEはメールのような「件名」欄がありません。また、かしこまった挨拶を入力しなくても、気軽に一言だけ、用件だけを送ることができます。

●相手が開封したかわかる

LINEでは、相手がメッセージを確認した場合、「既読」と表示され、メッセージを読んでいるかどうか確認することができます。

●複数人同時にメッセージ交換ができる

LINEでは、サークルや家族など、グループを作ってメッセージのやり取りをすることができます。

LINEを始めた人の感想

LINEを始めた人たちから寄せられた感想を見てみましょう。

操作が簡単!
文字入力も少なくて
いいので使いやすい!

(80代女性)

サークルでの
連絡事項が一度に
済むので便利ですね

(60代女性)

離れて暮らす母親が
メッセージを読んだかが
わかり、安否確認にも
なるので安心です

(40代女性)

家族グループで、
コミュニケーションが
増えてうれしい!

(70代男性)

おわり

Section 03
LINEを始めるには

まずは、LINEを利用するのに必要なもの、始めるまでの流れを確認しておきましょう。LINEを利用するには、スマートフォンと電話番号、インターネットへの接続が必須です。

LINEを始めるのに必要なもの

LINEを始めるには、以下のものを用意する必要があります。

●スマートフォン（携帯電話）、タブレットなど

インターネットに接続可能な携帯端末などを利用してLINEを使用できます（パソコンでLINEを利用することもできますが、本書では説明していません）。

●電話番号

基本的に、1つの端末につき1つの電話番号を登録してLINEを利用します。

●LINEアプリ

LINEアプリは、無料で入手して利用することができます。アプリの入手とインストール方法については、本書の18ページで解説しています。

●インターネットへの接続

LINEでメッセージを送受信するにはインターネットへの接続が必要です。接続状況を確認して使用しましょう。

LINEを始めるまでの流れ

❶ LINEアプリをインストールする（18ページ）

LINEアプリは無料で入手することができます。

❷ LINEに登録する（26ページ）

LINEに自分の情報を登録して「アカウント」を作成します。

❸ 友だちを登録する（46～49ページ）

コミュニケーションを取る相手を登録します。登録している相手とのみ、メッセージなどのやり取りができます。

❹「トーク」を楽しむ！（52～81ページ）

友だちと、メッセージや写真をやり取りすることを「トーク」と言います。LINEのさまざまな機能を使って、友だちとのコミュニケーションを楽しみましょう！

おわり

Section 04

LINEをインストールしよう

LINEを使うためには、まずスマートフォンでLINEアプリをインストール（入手）する必要があります。LINEアプリは無料でインストールでき、AndroidとiPhoneで手順が異なります。

AndroidでLINEをインストールしよう

1 ホーム画面のPlayストアアプリをタップします

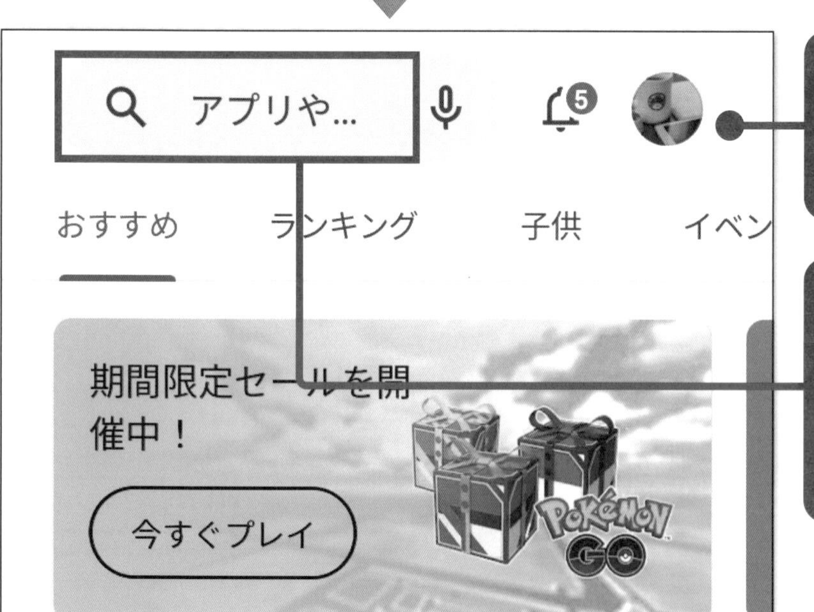

2 Playストアが表示されます

3 画面上部の検索ボックスをタップします

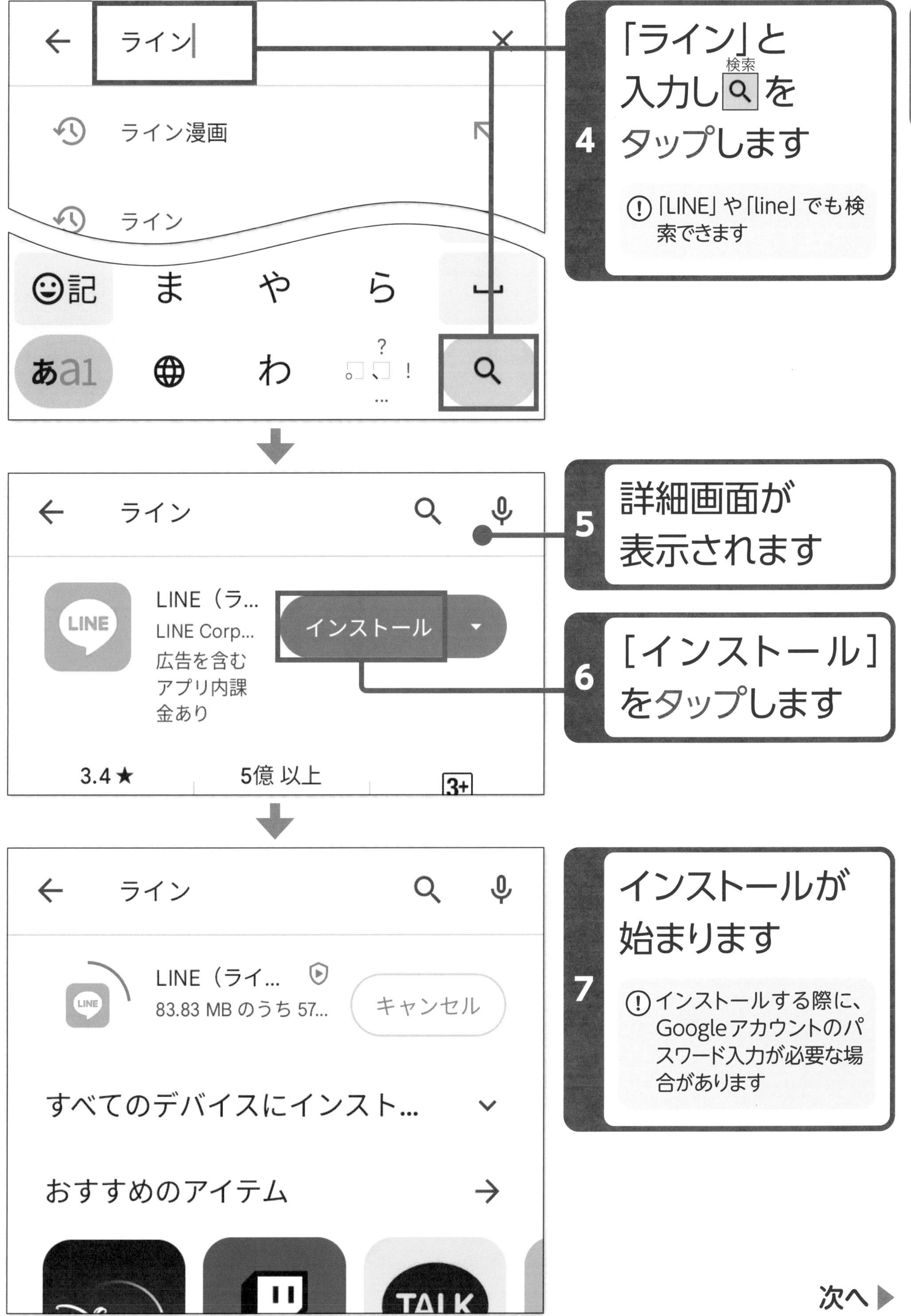
ライン
ライン漫画
ライン
記
ま
や
ら
あa1
わ
4 「ライン」と入力し 検索 をタップします
「LINE」や「line」でも検索できます
ライン
LINE（ラ...
LINE Corp...
広告を含む
アプリ内課金あり
インストール
3.4★
5億 以上
3+
5 詳細画面が表示されます
6 ［インストール］をタップします
ライン
LINE（ライ...
83.83 MB のうち 57...
キャンセル
すべてのデバイスにインスト...
おすすめのアイテム
TALK
7 インストールが始まります
インストールする際に、Googleアカウントのパスワード入力が必要な場合があります
次へ

LINEがインストールされた場所を確認しよう

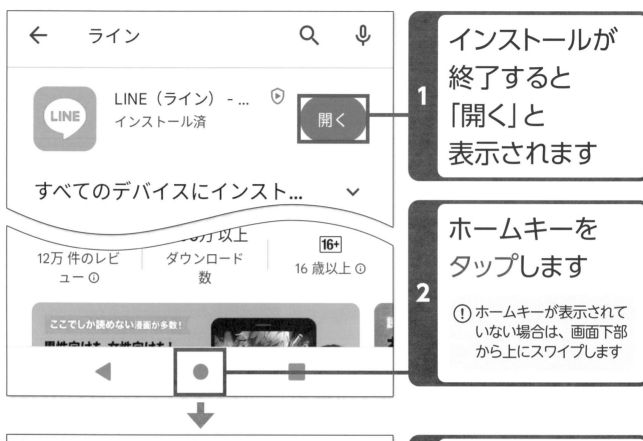

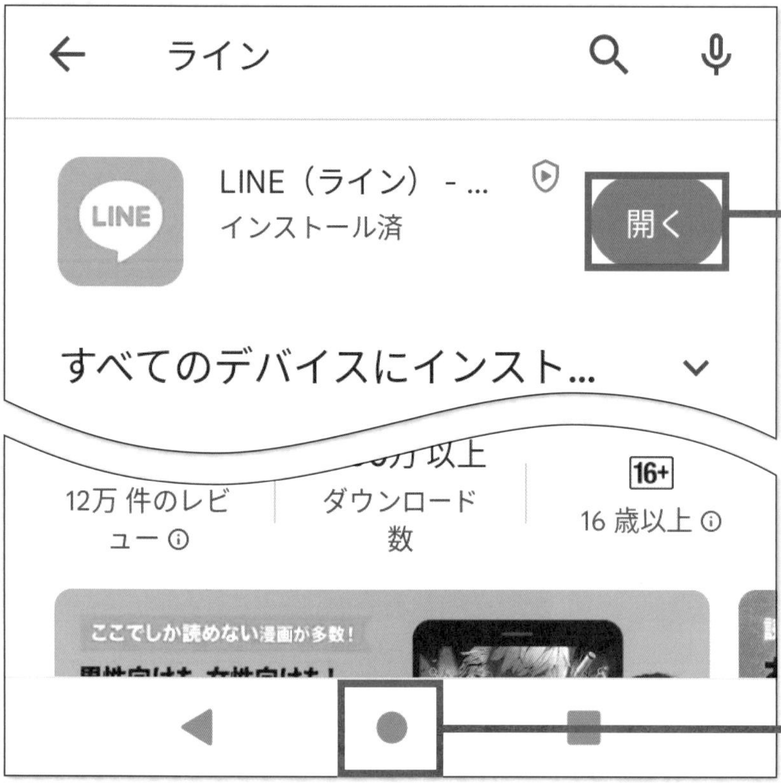

← ライン

LINE（ライン） - ...
インストール済
開く

すべてのデバイスにインストト...

12万 件のレビュー
ダウンロード数
16+
16 歳以上

1 インストールが終了すると「開く」と表示されます

2 ホームキーをタップします

ホームキーが表示されていない場合は、画面下部から上にスワイプします

3 ホーム画面にLINEアプリが追加されました

スマートフォンの機種によって、アプリが表示されている場所は異なります!

次へ ▶

Column LINEアプリをホーム画面に表示するには

LINEアプリがホーム画面に表示されていない場合、「アプリの一覧」から、ホーム画面に移動しておくと便利です。

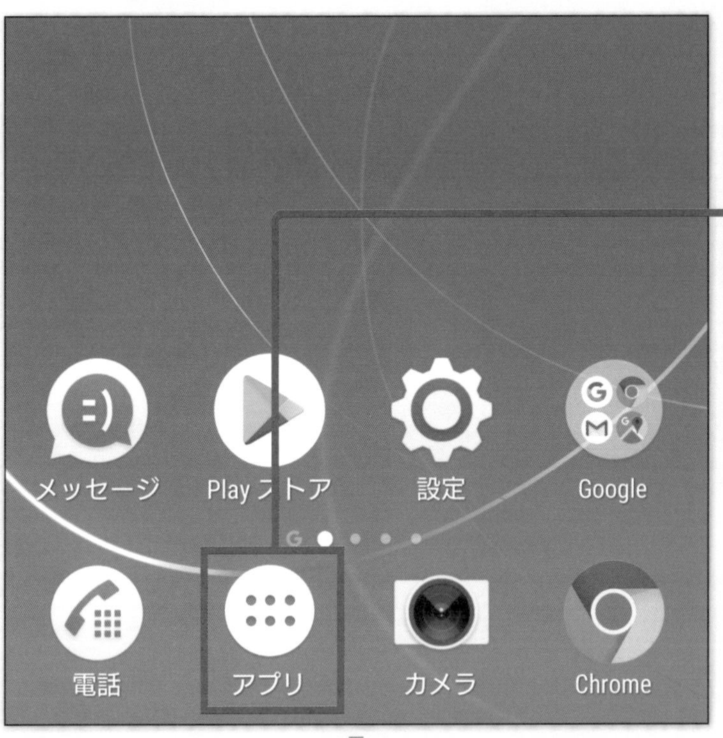

1 アプリボタンをタップします

ⓘ アプリボタンがない場合は、「ホーム」画面を上方向にスワイプします

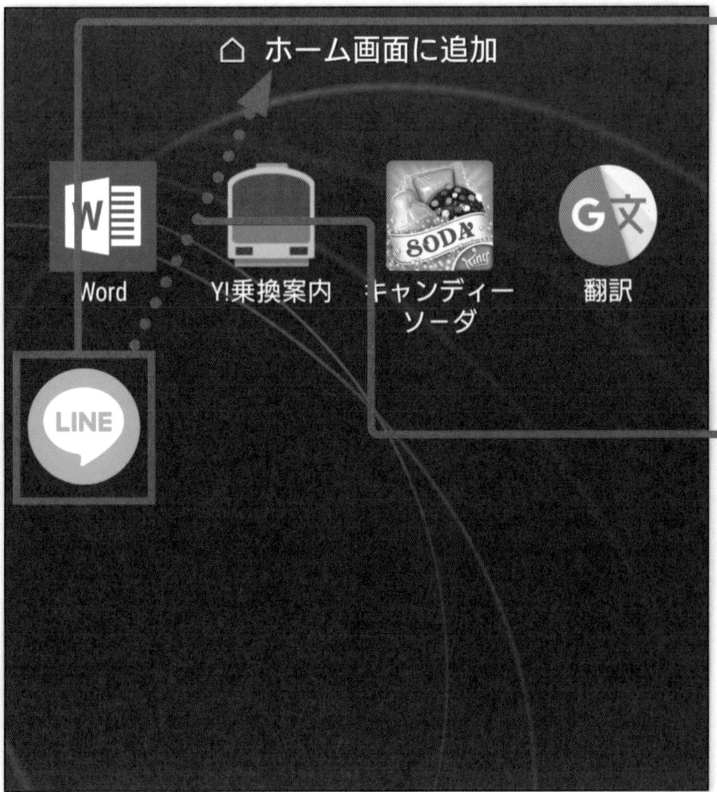

2 アプリ一覧からLINEアプリを長押しします

3 ドラッグしてホーム画面に追加します

iPhoneでLINEをインストールしよう

1 ホーム画面の App Store アプリをタップします

2 App Storeの画面が表示されます

3 検索 を タップします

4 画面上部の検索ボックスをタップします

line
キャンセル
line
lineカメラ
lineゲーム
lineマンガ
line（ストーリー）
lineポイント
line pay
q w e r t y u i o p
a s d f g h j k l
z x c v b n m
123 space search

5 「line」と入力します

「LINE」や「ライン」でも大丈夫です!

6 [search]（または[検索]）をタップします

7 LINEアプリが表示されます

8 [入手]をタップします

キャンセル　　サインイン

購入を完了するにはサインインします

@icloud.com

Apple IDまたはパスワードをお忘れですか?

9 Apple IDとパスワードを入力します

10 [サインイン]をタップします

ⓘ Apple IDを持っていない場合は、「設定」アプリ→[iPhoneにサインイン]から作成できます

すでにApple IDが設定されている場合は、次の画面に進みます!

11 ［インストール］をタップします

このデバイス上で追加の購入を行うときにパスワードの入力を要求しますか？
これは「メディアと購入」の設定からいつでも変更できます。
常に要求
15分後に要求

12 パスワードの入力要求について表示された場合は［常に要求］または［15分後に要求］をタップするとインストールが始まります

13 インストールが完了すると、ホーム画面にLINEアプリが追加されます

おわり

Section
05
LINEのアカウントを作成しよう

「アカウント」とは、LINEを始めるために必要な利用者の登録情報のことです。本書では、自分のスマートフォンの電話番号を使ってアカウントを作成していきます。

アカウントの作成と初期設定を行おう

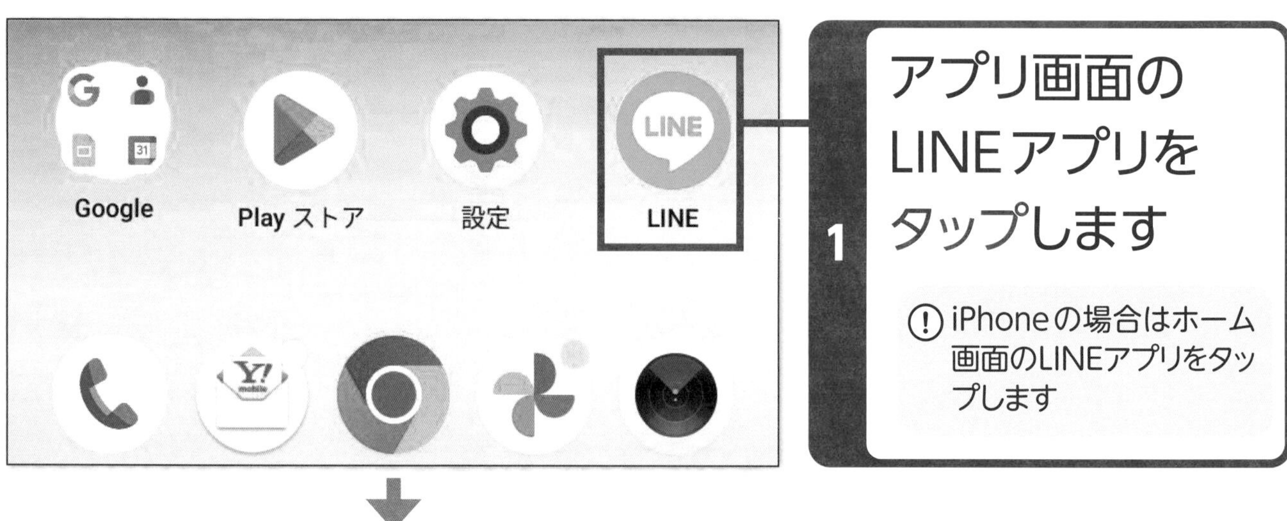

1 アプリ画面のLINEアプリをタップします

iPhoneの場合はホーム画面のLINEアプリをタップします

LINEへようこそ

無料のメールや音声・ビデオ通話を楽しもう！

ログイン

新規登録

2 LINEの登録画面が表示されます

3 [新規登録] をタップします

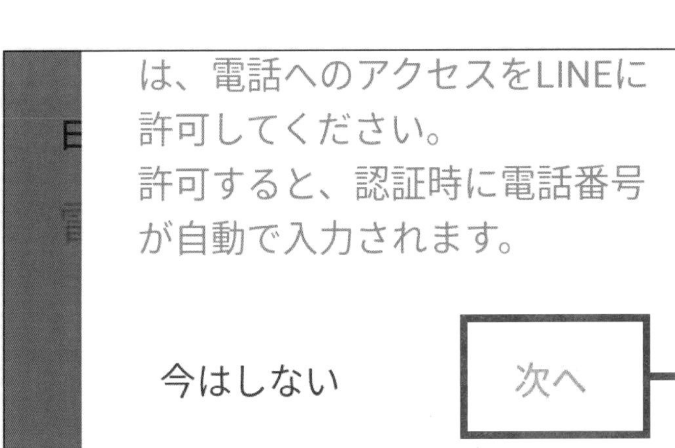

は、電話へのアクセスをLINEに
許可してください。
許可すると、認証時に電話番号
が自動で入力されます。
今はしない
次へ

4 [次へ]を
タップします

ⓘ この画面は表示されない場合もあります。表示されない場合は次の手順に進んでください

電話の発信と管理を
「LINE」に許可しますか？

許可

許可しない

5 [許可]を
タップします

ⓘ 許可すると、アカウント登録の際に電話番号が自動で入力されます

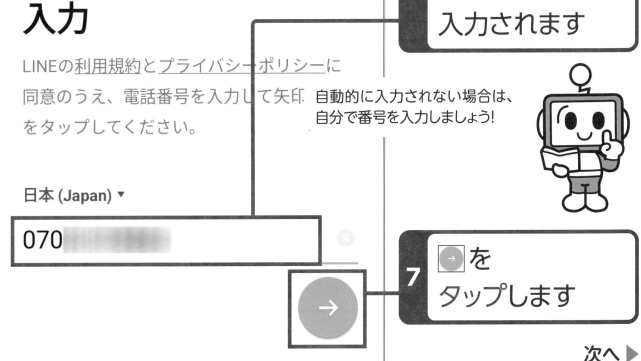

入力

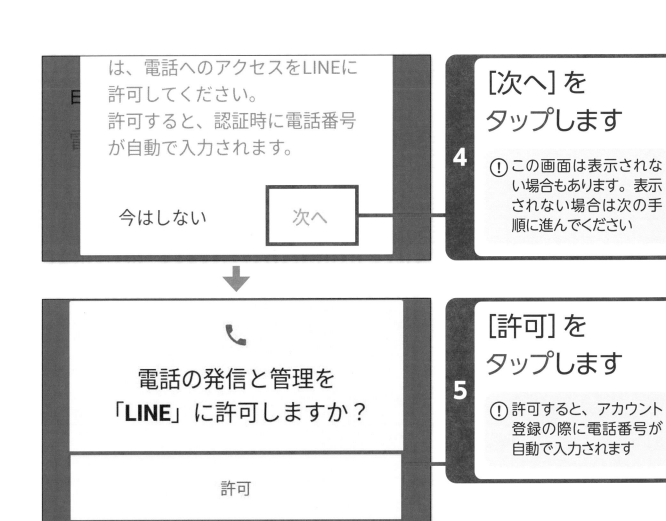

LINEの利用規約とプライバシーポリシーに
同意のうえ、電話番号を入力して矢印
をタップしてください。

日本 (Japan) ▾

070

6 電話番号が
自動的に
入力されます

自動的に入力されない場合は、
自分で番号を入力しましょう!

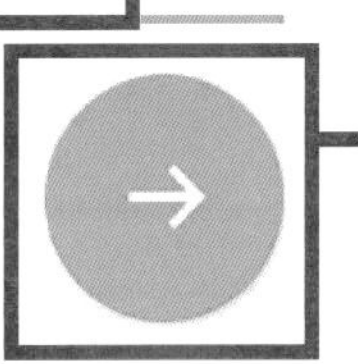

7 → を
タップします

次へ ▶

同意のうえ、電話番号を入力して矢印ボタン
070
上記の電話番号にSMSで認証番号を送ります。
キャンセル
OK
8 認証番号の送信画面が表示されます
9 [OK] をタップします
iPhoneの場合は［送信］をタップします
SMS
LINE
削除
迷惑メール
絞り込み
LINE 13:44
<#> 認証番号「170372」をLINEで入力して下さい。
他人には教えないで下さい。30分間有効です。
JFoQLtyexga
10 メッセージアプリにLINEからのメッセージが届きます
11 認証番号を確認します
認証番号が直接画面に表示された場合はその番号を確認します!
認証番号を入力
070 にSMSで認証番号を送信しました。
12 認証番号を入力します
認証番号が受信できない場合は、［認証番号を再送］または［通話による認証］をタップして確認してみましょうすでにアカウントをお持ちですか？

この電話番号で登録されているLINEアカウントはありません。

アカウントを引き継ぐ

アカウントを新規作成

13 [アカウントを新規作成] をタップします

アカウントを新規登録

プロフィールに登録した名前と写真は、LINEサービス上で公開されます。

技評　良子

GIF

14 LINEで使用する名前を入力します

名前は後から変更することもできます!

15 → をタップします

次へ ▶

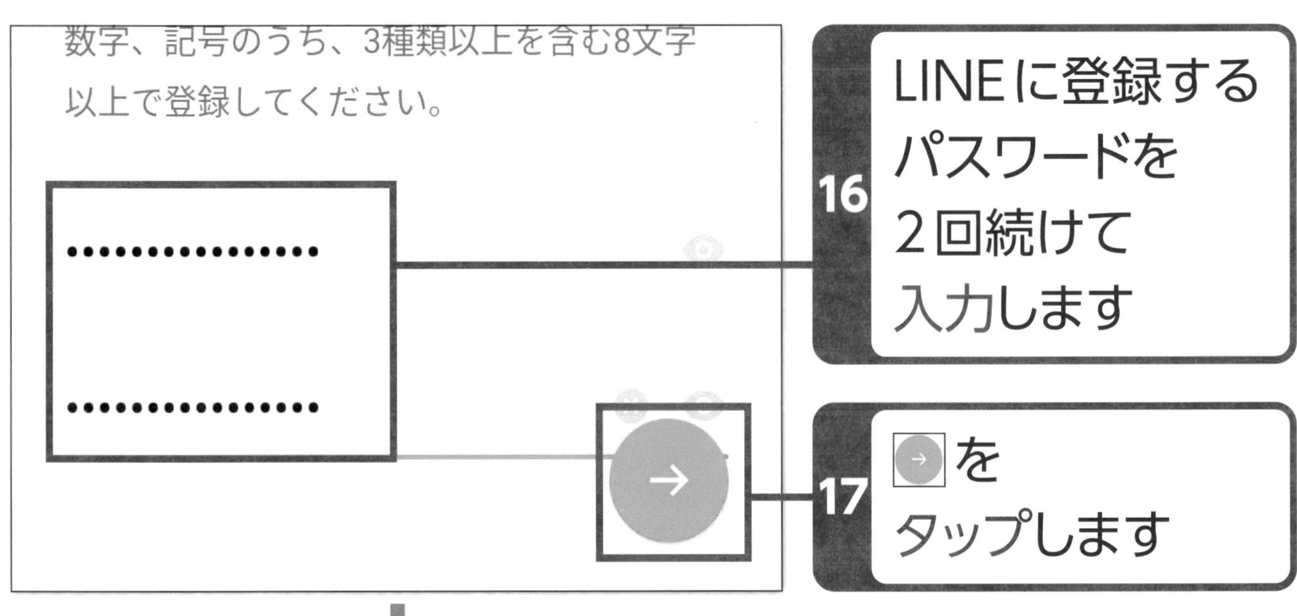

数字、記号のうち、3種類以上を含む8文字
以上で登録してください。
••••••••••••••••
••••••••••••••••

16 LINEに登録するパスワードを2回続けて入力します

17 →をタップします

友だち追加設定

以下の設定をオンにすると、LINEは友だち追加のためにあなたの電話番号や端末の連絡先を利用します。
詳細を確認するには各設定をタップしてください。

友だち自動追加

友だちへの追加を許可

18 友だち追加設定が表示されます

今回は設定をオフにします!

19 [友だち自動追加]と[友だちへの追加を許可]のチェックをタップして外します

ⓘ iPhoneで「連絡先へのアクセス」確認画面が表示された場合は[許可しない]をタップします

友だち追加設定

以下の設定をオンにすると、LINEは友だち追加のためにあなたの電話番号や端末の連絡先を利用します。
詳細を確認するには各設定をタップしてください。

友だち自動追加

友だちへの追加を許可

20 チェックがそれぞれオフになったのを確認します

21 をタップします

Column 「友だち自動追加」と「友だちへの追加を許可」とは

スマートフォンの「連絡先」の情報を利用して、LINEの「友だち」リストに自動的に知り合いが追加される機能です。意図しない相手が追加される可能性があるため、この機能を利用したくない場合はチェックを外しておきましょう。

次へ ▶

年齢確認

より安心できる利用環境を提供するため、年齢確認を行ってください。

SoftBank SoftBankをご契約の方

Y! Y!Mobile/LINEMOをご契約の方

LINEモバイルをご契約の方

または

その他の事業者をご契約の方

あとで

22 年齢確認画面が表示されます

23 [あとで] をタップします

Column 「年齢確認」とは

LINEでは青年保護を目的に、18歳未満のユーザーに対して利用制限を設けています。以下の機能を利用する際は、キャリア(契約している携帯電話会社)にて年齢確認が必要となります。年齢確認の方法についてはキャリアによって異なります。

・友だちの検索(ID、電話番号による検索)
・IDによる友だち追加を許可

サービス向上のための情報利用に関するお願い

…投稿日時、投稿されたコンテンツのデータ形式、コメント欄のスタンプ、閲覧時間等です。)
※送信取消されたものも含みます。

公式アカウントとのトーク内容を含むコミュニケーション

同意する

同意しない

24 「情報利用の確認」画面が表示されます

25 内容を確認し、[同意する]、[同意しない]のどちらかをタップします

サービス向上のための情報利用に関するお願い

…の取得停止や、取得された位置情報の削除、LINE Beaconの利用停止は、[設定]>[プライバシー管理]>[情報の提供]からいつでも行えます。

<端末の位置情報>
LINEは上記サービスを提供するため、LINEアプリが画面に

上記の位置情報の利用に同意する(任意)

LINE Beaconの利用に同意する(任意)

OK

26 再び情報利用の確認が表示されます

27 内容を確認し、同意する場合は[OK]をタップします

同意しない場合はチェックを外して[OK]をタップします

次へ ▶

28 位置情報へのアクセス許可が表示された場合は、選択してタップします

ⓘ LINEで自分の位置情報を相手に送信する場合は[アプリの使用時のみ]をタップします

友だちを連絡先に追加

Google アシスタントでLINEのメッセージを送信するには、LINE友だちの情報（名前、プロフィール画像）を端末の連絡先に追加する必要があります。追加しますか？

キャンセル　追加する

29 Androidで[友だちを連絡先に追加]が表示された場合は、内容を確認してどちらかをタップします

ⓘ 通知の確認が表示された場合は[通知をオンにする]をタップし許可します

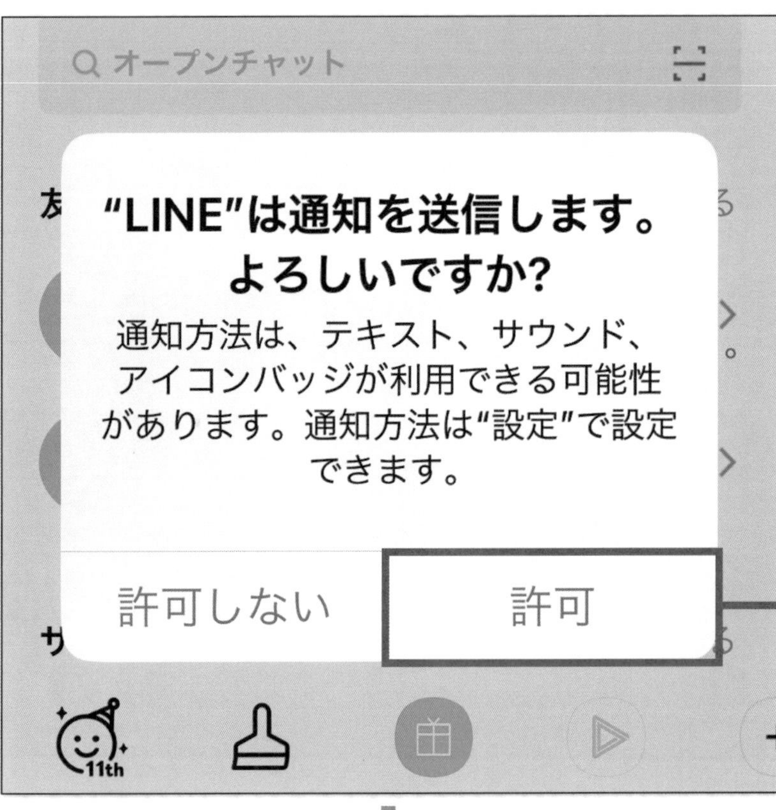
オープンチャット
"LINE"は通知を送信します。
よろしいですか?
通知方法は、テキスト、サウンド、
アイコンバッジが利用できる可能性
があります。通知方法は"設定"で設定
できます。
許可しない
許可
11th

30 iPhoneで通知の確認が表示された場合は、[許可]をタップします

技評　良子
ステータスメッセージを入力
BGMを設定
公式アカウント
友だちリスト　すべて見る
友だちを追加
友だちを追加してトークを始めよう。
グループ作成
グループを作ってみんなでトークしよ…
サービス　すべて見る

31 アカウントの登録が完了しました

LINEのホーム画面が表示されます!

おわり

Section 06

LINEの画面を確認しよう

アカウント登録後に表示されるのがLINEの「ホーム」画面になります。表示されているメニューを確認してみましょう。よく使用するのは「ホーム」「トーク」「友だち追加」「設定」などです。

● Android版の画面構成

❸ ❹

技評　良子
ステータスメッセージを入力
BGMを設定
公式アカウント
友だちリスト　すべて見る
友だちを追加
友だちを追加してトークを始めよう。
グループ作成
グループを作ってみんなでトークしよ...
サービス　すべて見る
スタンプ
着せかえ
追加
【LINEMO】最大半年間...
LINEMO
広告・今すぐ申込む
ホーム
トーク
VOOM
ニュース
ウォレット

❶ ❷ ❺ ❻ ❼

● iPhone版の画面構成

❶「ホーム」画面

LINEのメイン画面で、自分の名前、友だちリストなどが表示されます

❷「トーク」画面

メッセージをやり取りした相手とのトークリストが表示されます（52ページ参照）

❸「友だち追加」画面

友だちを追加登録する際に利用します（46ページ参照）

❹「設定」画面

LINEの様々な設定を変更できます

❺「VOOM」

投稿動画が表示されます

❻「ニュース」

ニュースが確認できます

❼「ウォレット」

LINEで支払いに関する機能を利用できます

※❺～❼は本書では解説していません

おわり

Section 07

プロフィールを設定しよう

LINEのプロフィールに設定している名前と画像は、友だちが自分を見分ける目印にもなります。トレードマークとなる画像をプロフィールに設定しておきましょう。

プロフィール写真を設定しよう

技評　良子
ステータスメッセージを入力
BGMを設定
広告・今すぐ申込む
ホーム　トーク　VOOM　ニュース　ウォレット

1 ホーム をタップします

2 右上の 設定 をタップします

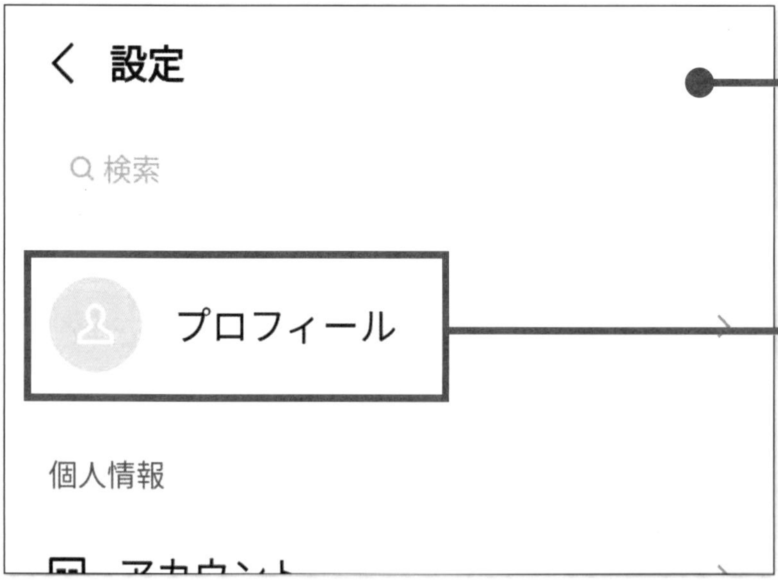

設定
検索
プロフィール
個人情報
アカウント

3 「設定」画面が表示されます

4 ［プロフィール］をタップします

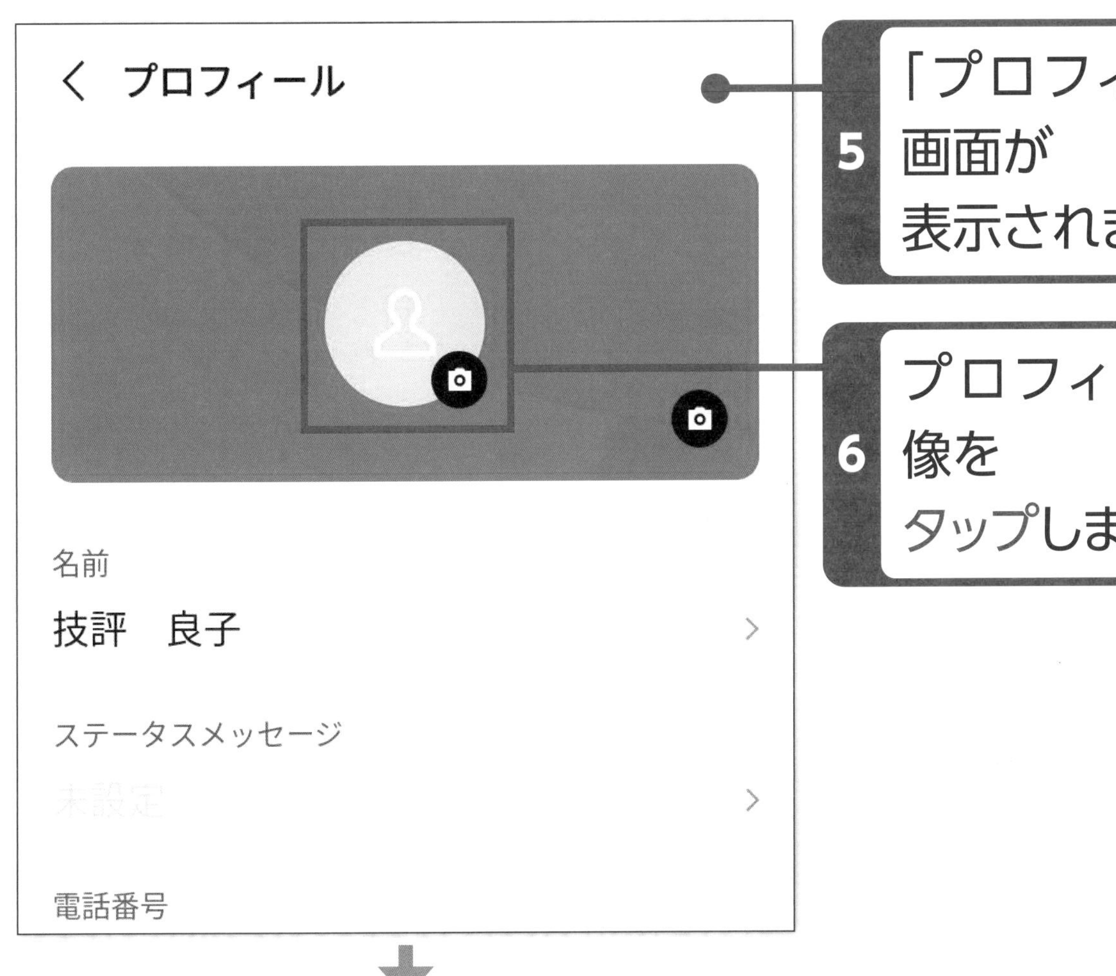

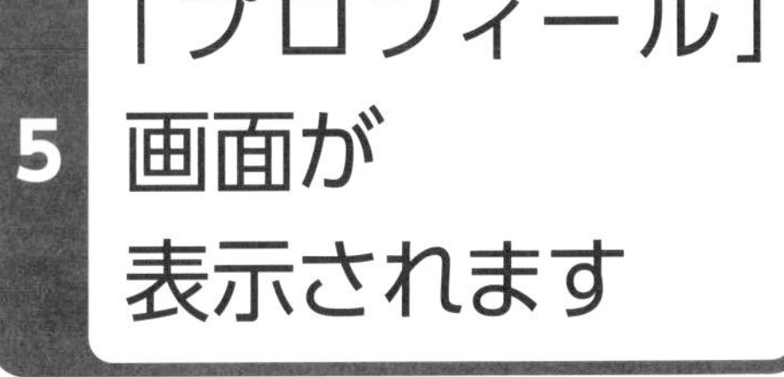

5 「プロフィール」画面が表示されます

6 プロフィール画像をタップします

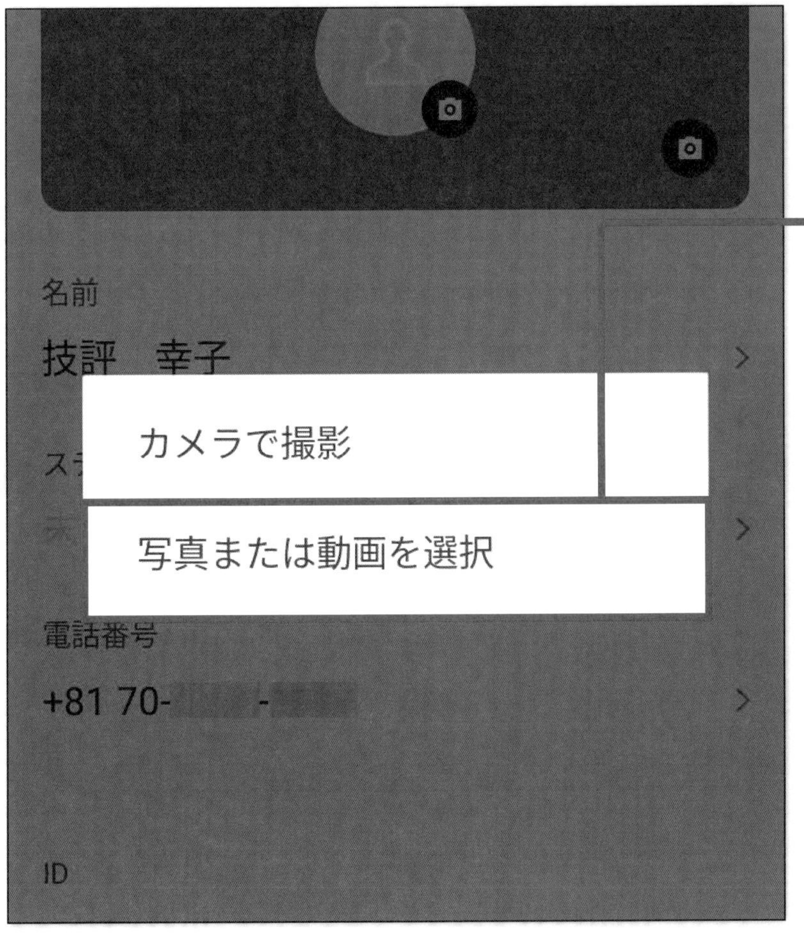

7 [写真または動画を選択]をタップします

ⓘ 今回はスマートフォンに保存してある写真を使います

次へ ▶

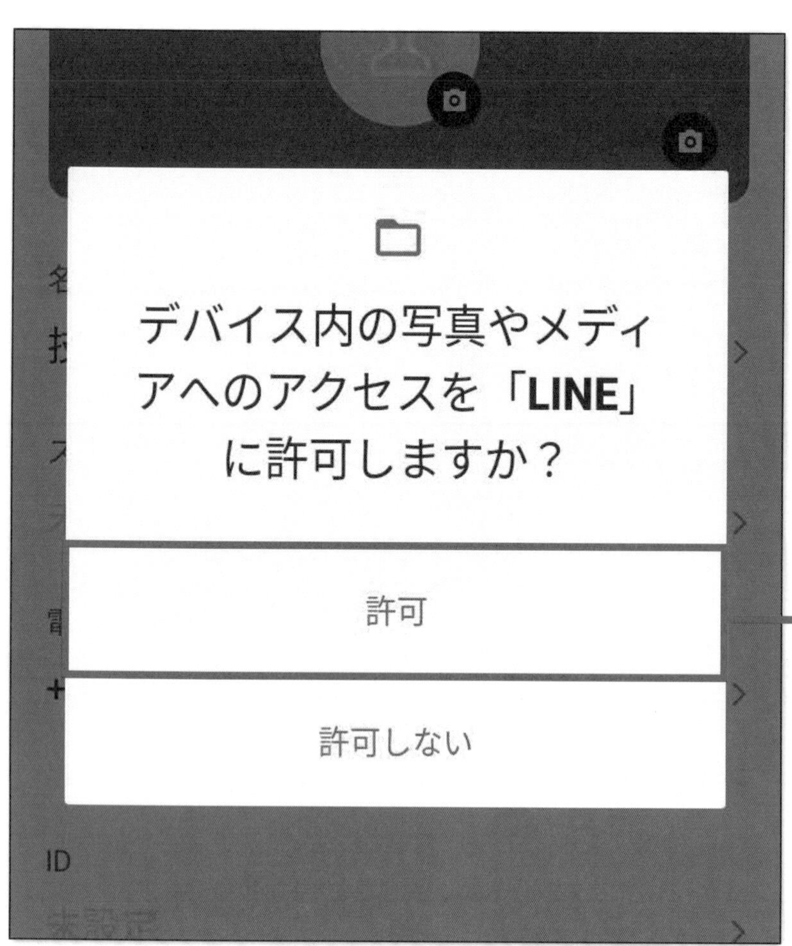

8 アクセス許可が表示された場合は [許可] をタップします

9 スマートフォンに保存されている写真が表示されます

10 プロフィールに設定する写真をタップします

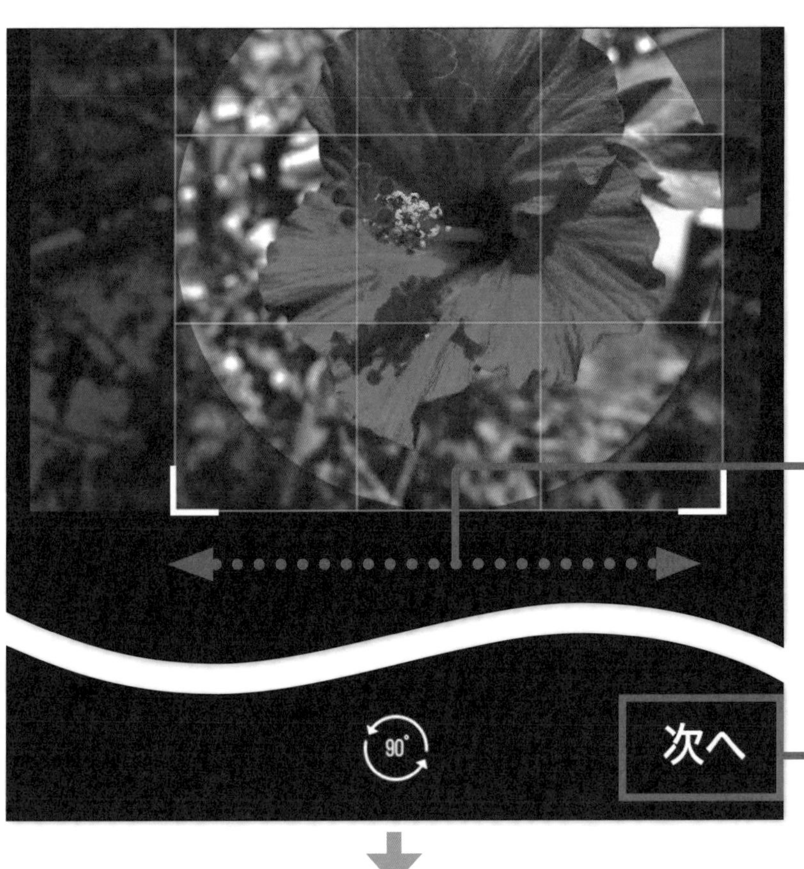

11 写真が追加されました

12 写真を左右にスワイプして表示位置を設定します

13 [次へ]をタップします

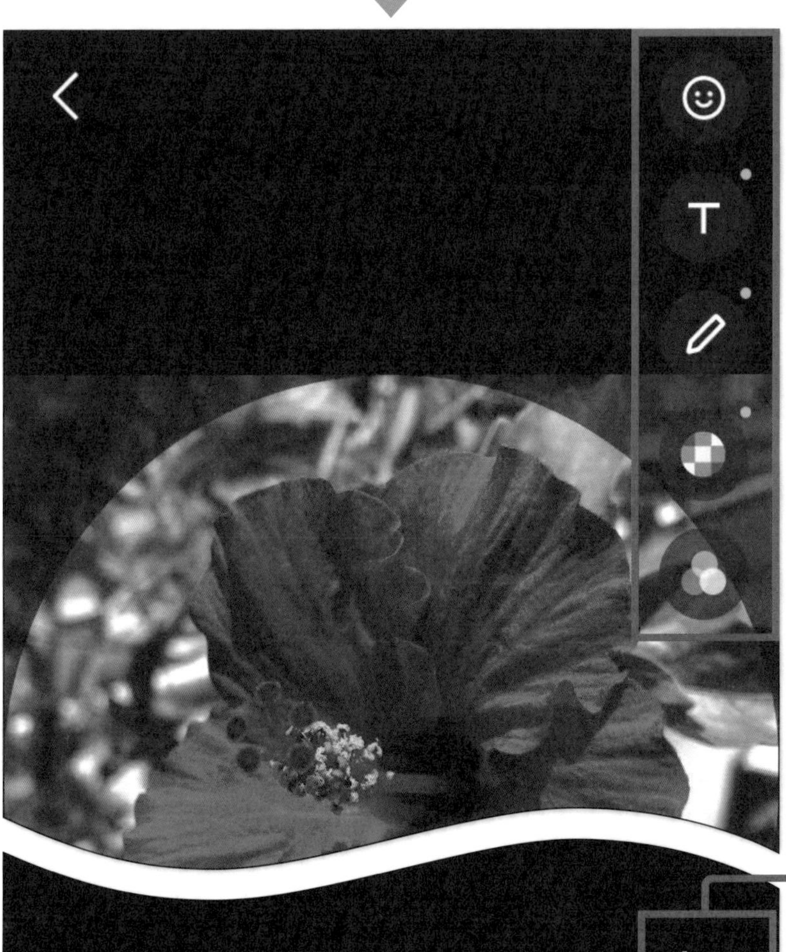

14 写真が設定されました

テキストを入れたり、写真の色合いなどを編集したりすることもできます!

15 [完了]をタップします

次へ ▶

く プロフィール

名前

技評　良子

ステータスメッセージ

電話番号

16 プロフィール写真が設定されました

17 く を2回続けてタップします

! iPhoneの場合は右上の[×]をタップします

技評　良子

ステータスメッセージを入力

BGMを設定

公式アカウント

友だちリスト　すべて見る

友だちを追加
友だちを追加してトークを始めよう。

グループ作成
グループを作ってみんなでトークしよ…

18 「ホーム」画面が表示されます

19 設定したプロフィール写真が表示されています

おわり

解説 プロフィールの名前を変更するには

プロフィールの名前を変更するには、「設定」の「プロフィール」画面で変更します。

1 「プロフィール」画面を表示します

! 38ページを参照してください

2 「名前」をタップします

3 変更する名前を入力します

4 [保存]をタップして名前を変更します

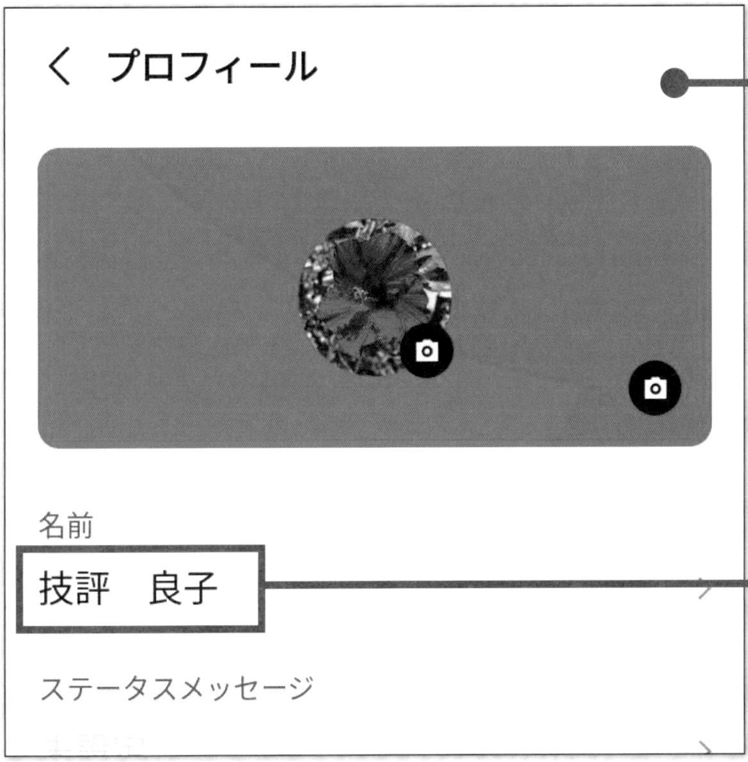

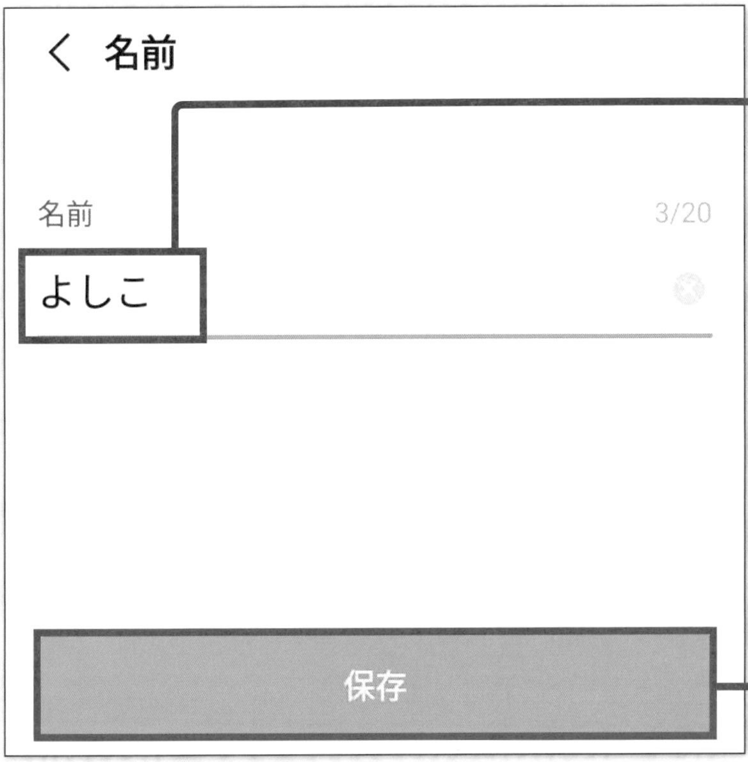

第2章

友だちとトークを楽しもう

LINEの初期設定が完了したら、連絡を取り合う人を追加登録します。LINEでは登録する知合いのことを「友だち」と呼びます。この章ではQRコードを使った「友だち」の追加方法や、メッセージや写真などを送り合う、「トーク」の楽しみ方を学びましょう。

この章でできるようになること

QRコードを使って「友だち」の追加ができます!

46～51ページ

連絡を取り合うには、まずは「友だち」の追加から始めます

「トークルーム」の画面構成がわかります!

52～55ページ

友だちと連絡し合う場所、「トークルーム」の画面構成を確認しておきましょう

メッセージや写真を送り合う、「トーク」の利用方法がわかります!

56～81ページ

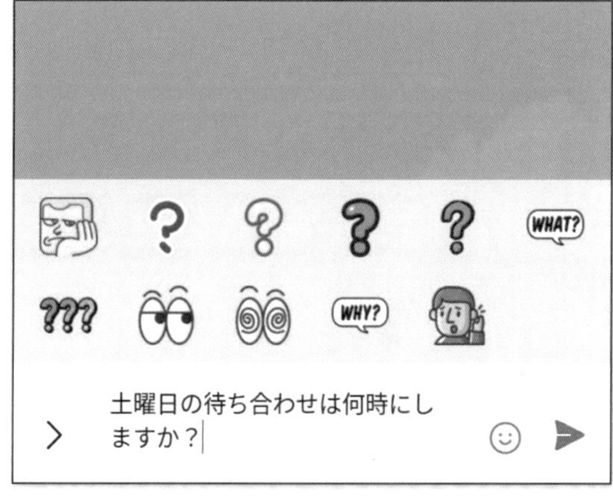

WHAT?
???
WHY?
土曜日の待ち合わせは何時にしますか？

友だちの登録ができたらさっそく、「トーク」を楽しみましょう

Section 08

QRコードで友だちを追加しよう

コミュニケーションを取りたい人を「友だち」としてLINEに追加します。傍にいる人を追加する場合、QRコードを利用すると手軽に友だちに追加することができます。

QRコードで近くにいる人を友だち追加しよう

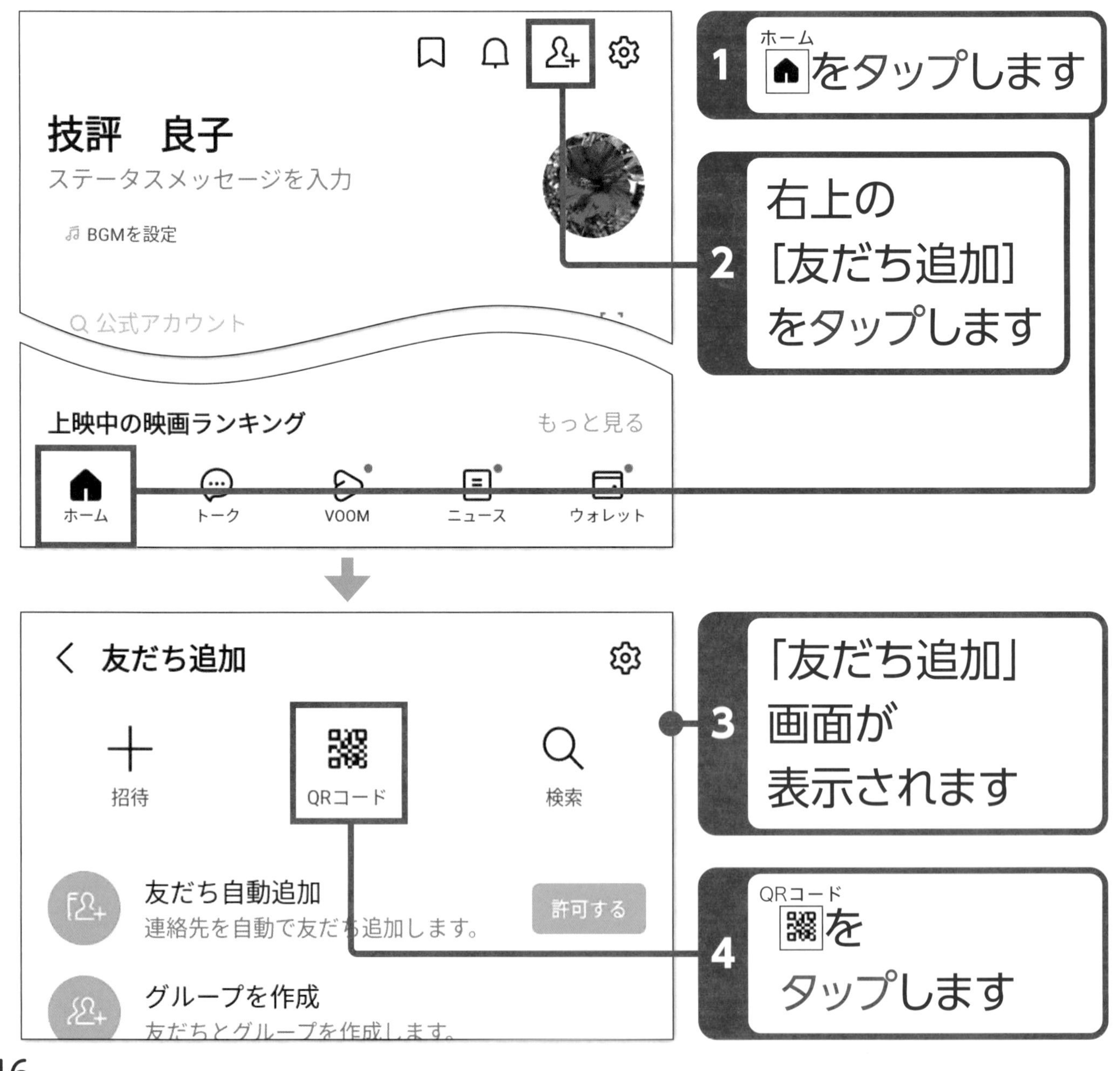

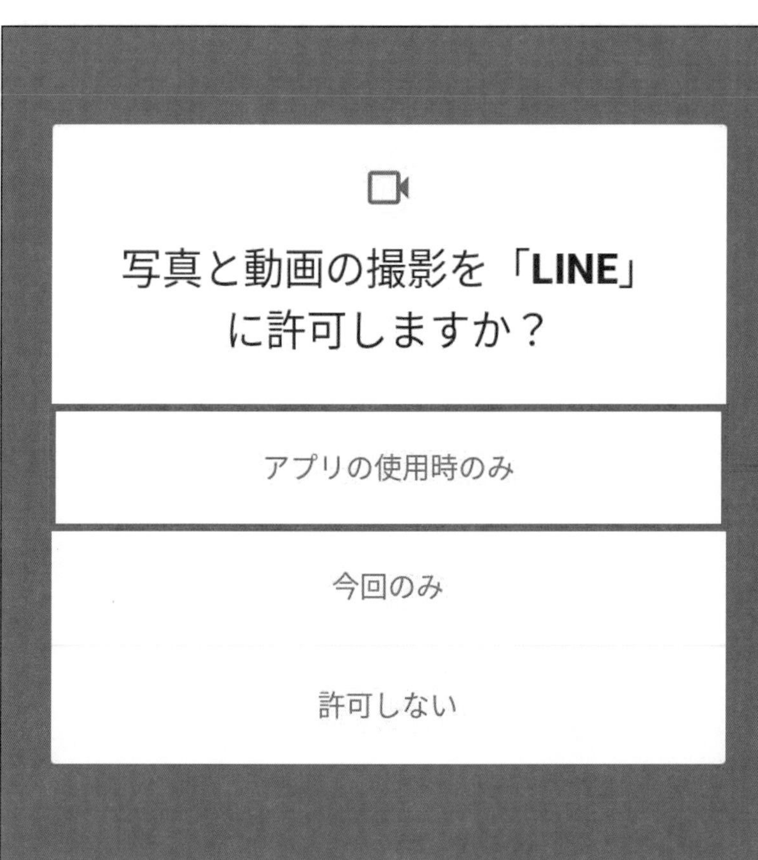

5 カメラのアクセス許可が表示された場合は[アプリ使用時のみ]をタップします

! iPhoneの場合は[OK]をタップします

6 QRコード読み取り画面が表示されます

友だちのスマートフォンでは、[マイQRコード]をタップしてQRコードを表示してもらいます!

次へ ▶

7 友だちのQRコードを枠内に合わせ読み取ります

QRコードに
スマートフォンの
カメラをかざしましょう!

8 読取りに成功すると、友だちの詳細画面が表示されます

9 [追加] をタップして友だちに追加します

次へ ▶

解説 相手にも友だち追加してもらおう

QRコードの読み取り画面で［マイQRコード］をタップすると自分のQRコードが表示されます。友だちにこのQRコードを読み取ってもらうと、相手側に自分が友だちとして追加されます。

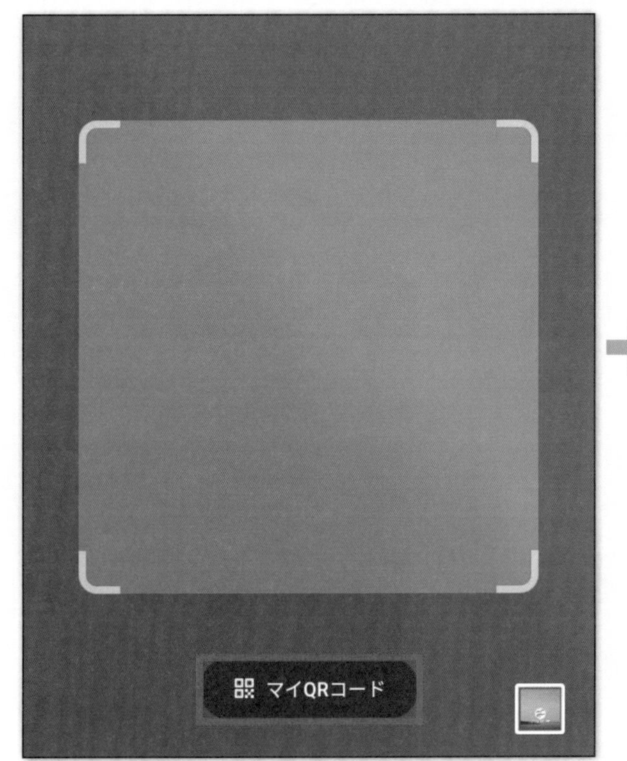

Column 「知り合いかも?」とは

「友だち追加」画面や「友だちリスト」に「知り合いかも?」と表示されているのは、友だちの追加が完了していない友だちです。友だち追加をタップして友だちに追加できます。

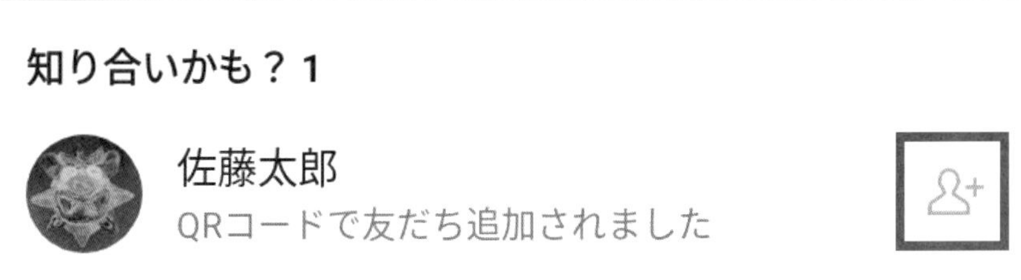

追加された友だちを確認してみよう

1 [ホーム]をタップします

2 「友だちリスト」の[友だち]をタップします

3 「友だちリスト」に追加した友だちが表示されます

おわり

Column 友だちの表示名を変更するには

友だちの表示名がニックネームなどになっていて、本名が確認しにくい場合は表示名を変更できます。変更した名前は自分のLINEにのみ表示されます。相手側の表示名は変更されません。

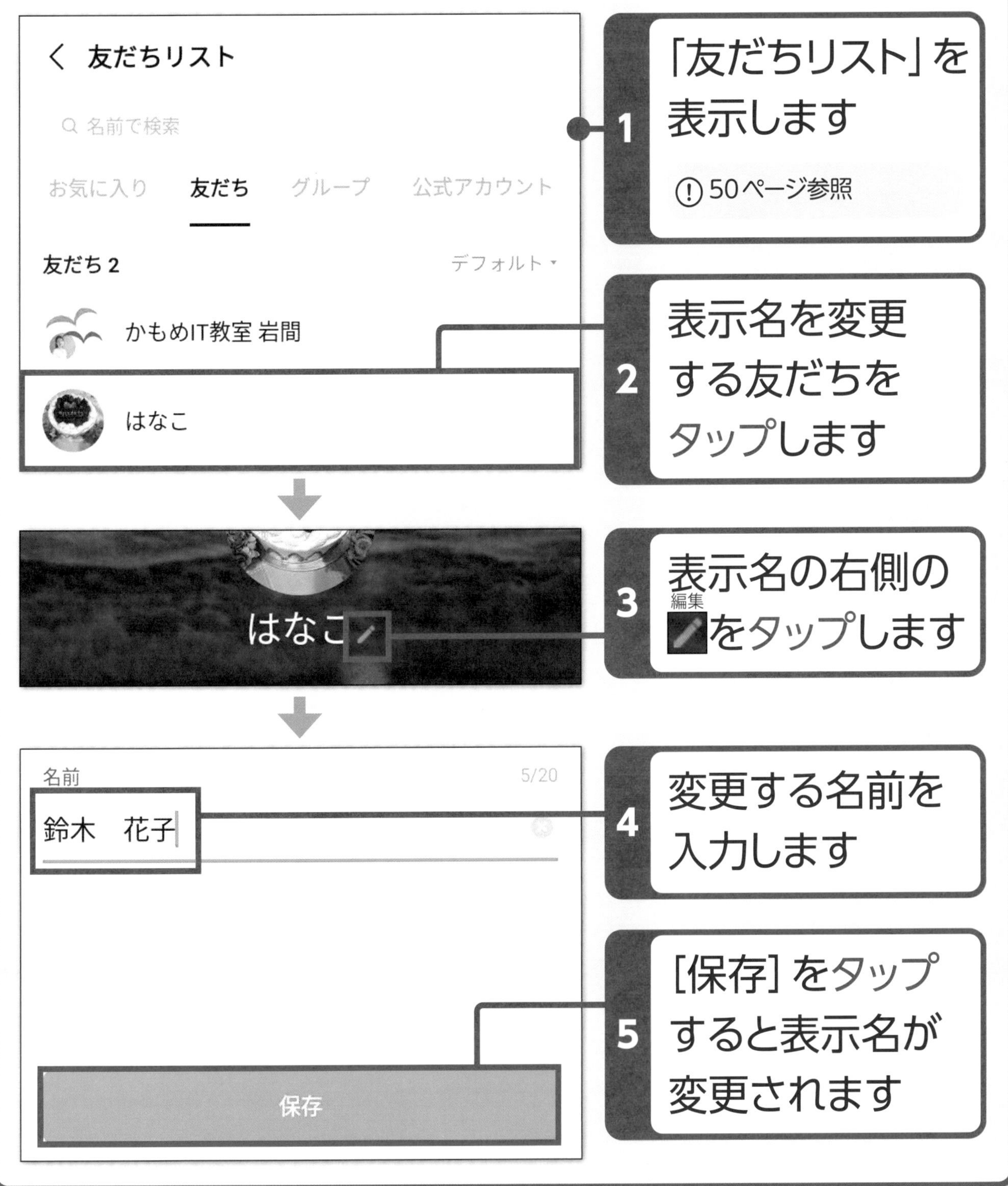

1 「友だちリスト」を表示します

50ページ参照

2 表示名を変更する友だちをタップします

3 表示名の右側の編集をタップします

4 変更する名前を入力します

5 [保存]をタップすると表示名が変更されます

2章 友だちとトークを楽しもう

Section 09

トークルームを開こう

LINEで友だちとメッセージや写真を送り合い、コミュニケーションを取ることを「トーク」と言います。このやり取りは、「トークルーム」と呼ばれる画面で行います。

初めてのトーク相手とのトークルームを開こう

4 友だちの詳細画面が表示されます

5 （トーク）をタップします

6 トークルームが開きます

「トークルーム」に友だちとのやり取りが表示されます!

次へ ▶

やり取りしたことのある相手とのトークルームを開こう

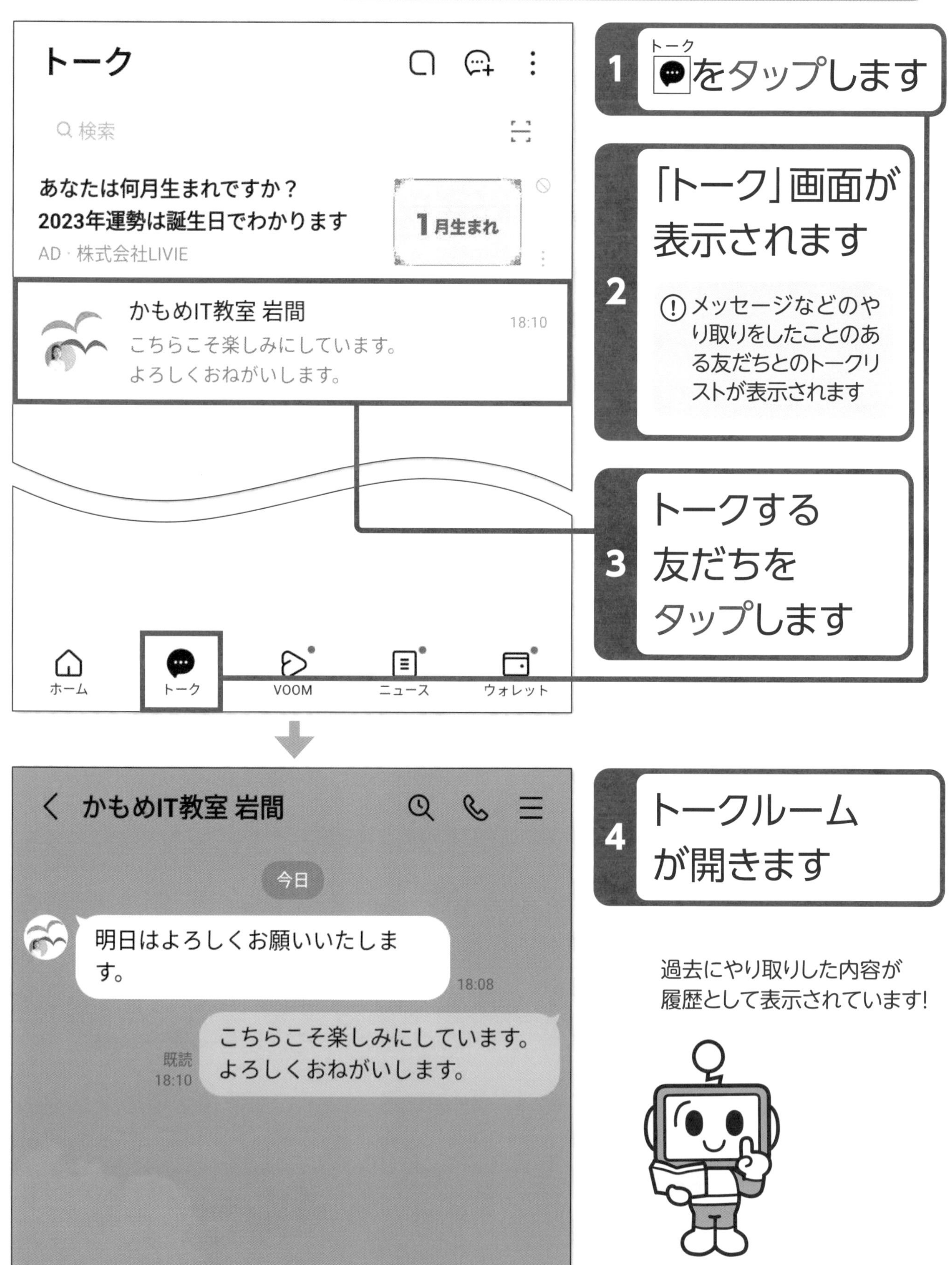

トーク
検索
あなたは何月生まれですか？
2023年運勢は誕生日でわかります
AD・株式会社LIVIE
1月生まれ
かもめIT教室 岩間
18:10
こちらこそ楽しみにしています。
よろしくおねがいします。
ホーム
トーク
VOOM
ニュース
ウォレット
1 トーク をタップします
2 「トーク」画面が表示されます
メッセージなどのやり取りをしたことのある友だちとのトークリストが表示されます
3 トークする友だちをタップします
かもめIT教室 岩間
今日
明日はよろしくお願いいたします。
18:08
既読
18:10
こちらこそ楽しみにしています。
よろしくおねがいします。
4 トークルームが開きます

過去にやり取りした内容が
履歴として表示されています!

おわり

トークルームの画面構成を確認しよう

自分が送信したメッセージは、トークルームの画面右側に緑色の吹き出しで表示され、相手のメッセージは、左側に白い吹き出しで表示されます。

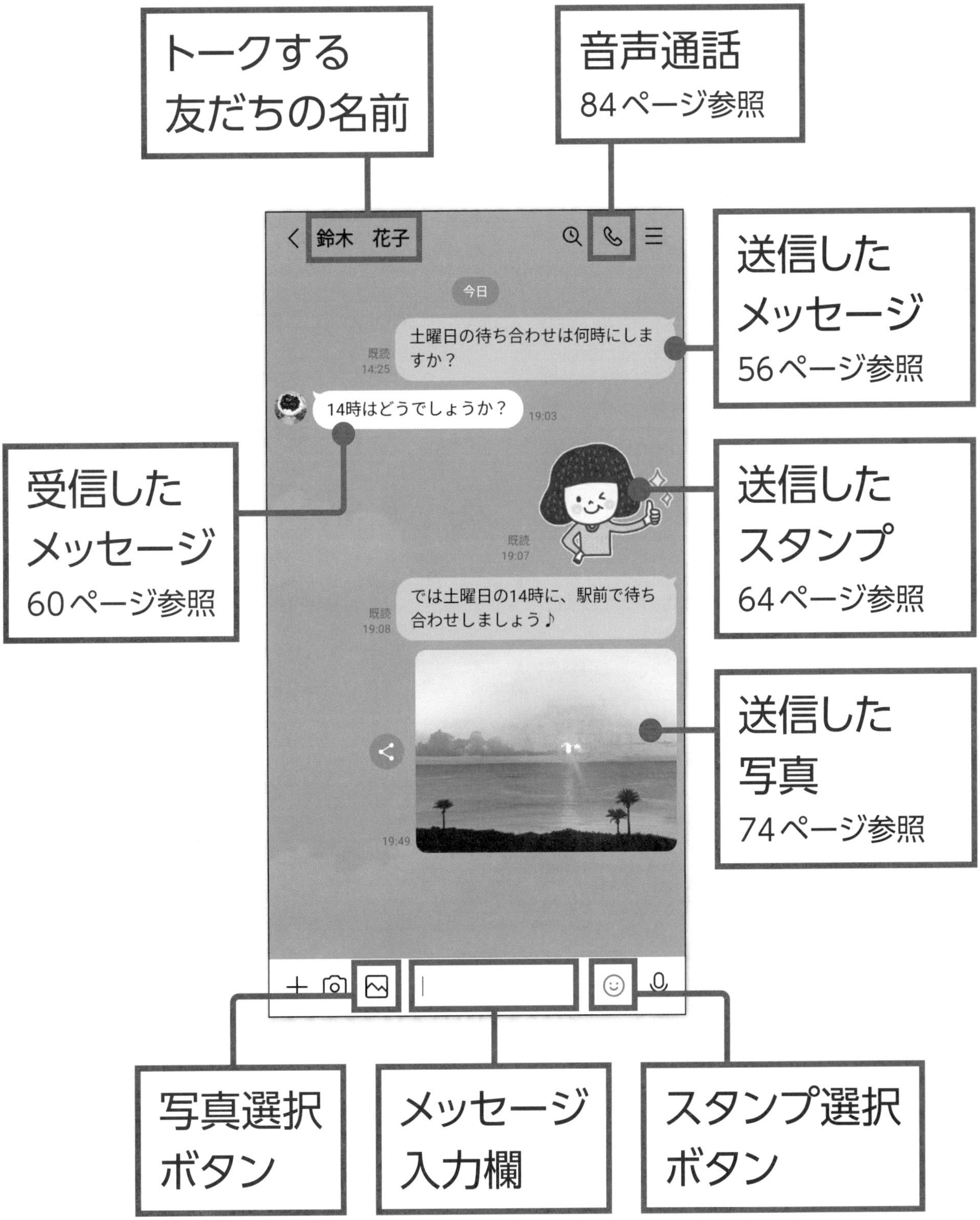

トークする
友だちの名前

音声通話
84ページ参照

鈴木　花子

今日

土曜日の待ち合わせは何時にしますか？
既読
14:25

14時はどうでしょうか？
19:03

既読
19:07

では土曜日の14時に、駅前で待ち合わせしましょう♪
既読
19:08

19:49

送信した
メッセージ
56ページ参照

受信した
メッセージ
60ページ参照

送信した
スタンプ
64ページ参照

送信した
写真
74ページ参照

写真選択
ボタン

メッセージ
入力欄

スタンプ選択
ボタン

Section 10

メッセージを送信しよう

会話感覚で気軽にメッセージを送れるのがLINEの特徴です。やり取りしたメッセージは「トークルーム」に履歴として表示されます。まずは友だちにメッセージを送ってみましょう。

メッセージを入力して送信しよう

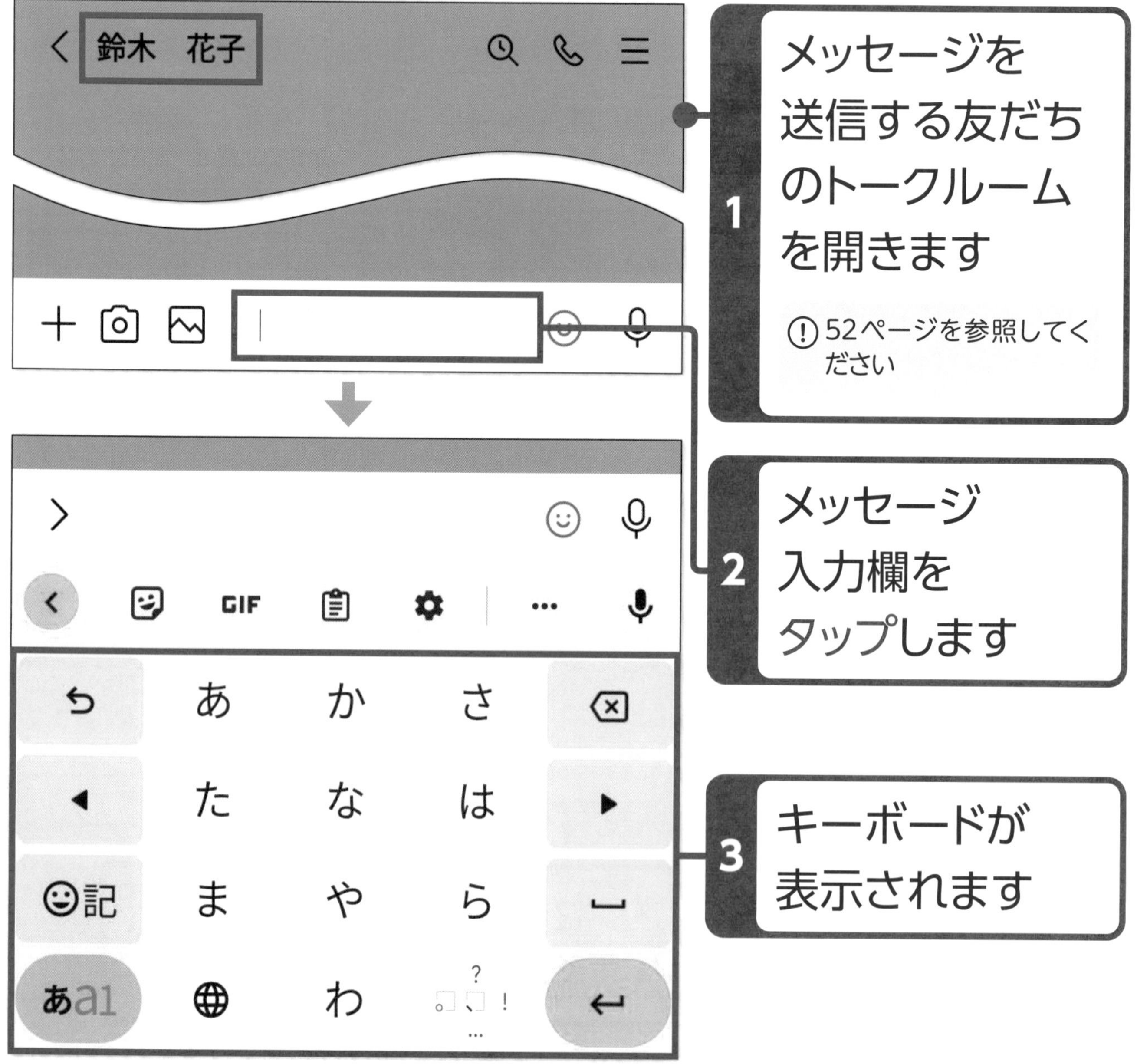

鈴木　花子
GIF
あ
か
さ
た
な
は
ま
や
ら
わ
記
あa1
1 メッセージを送信する友だちのトークルームを開きます
52ページを参照してください
2 メッセージ入力欄をタップします
3 キーボードが表示されます

4 メッセージを入力します

5 送信 ▶をタップします

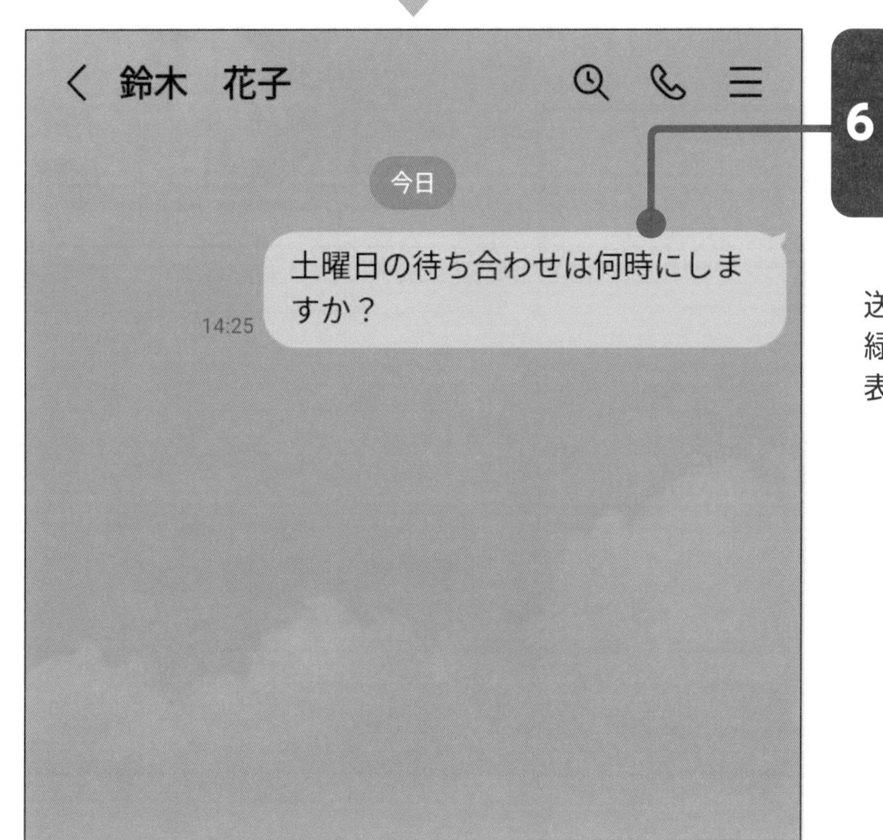

6 メッセージが送信されました

送信したメッセージが緑色の吹き出しで表示されます!

次へ 

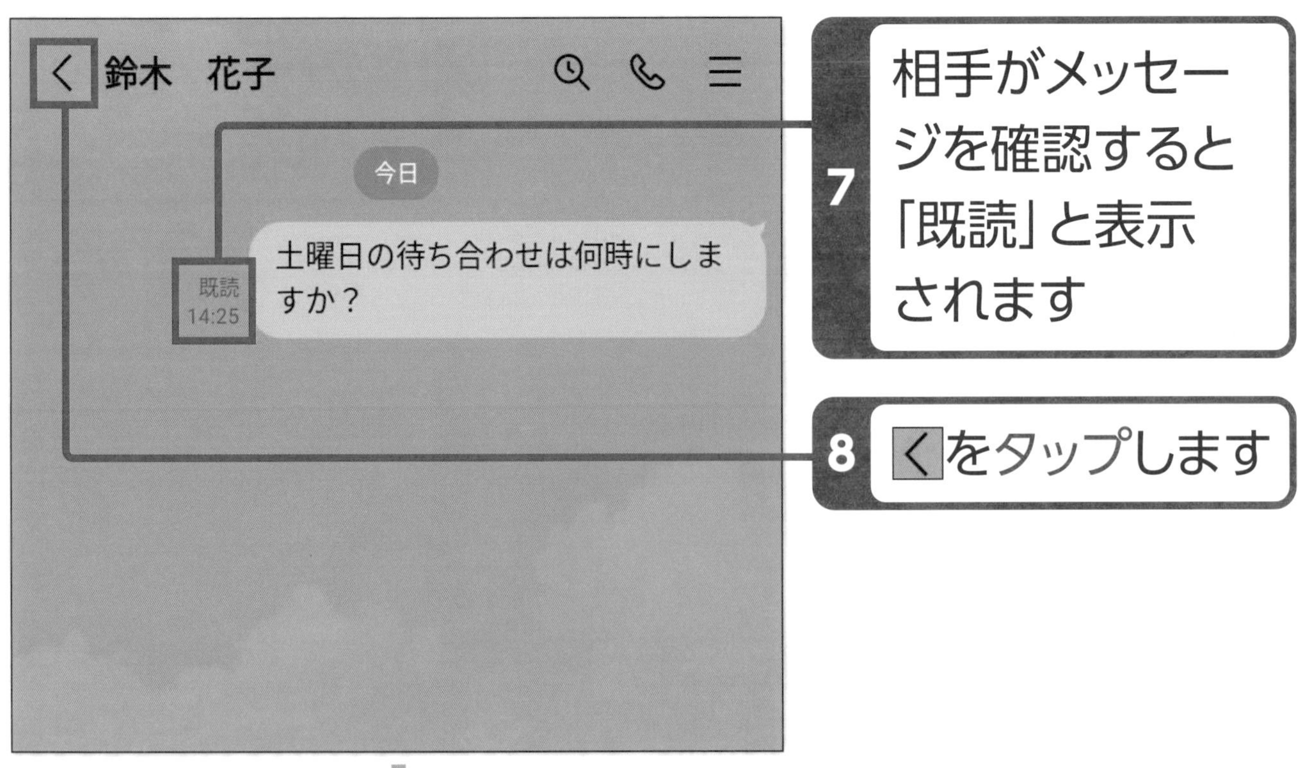

7 相手がメッセージを確認すると「既読」と表示されます

8 ＜をタップします

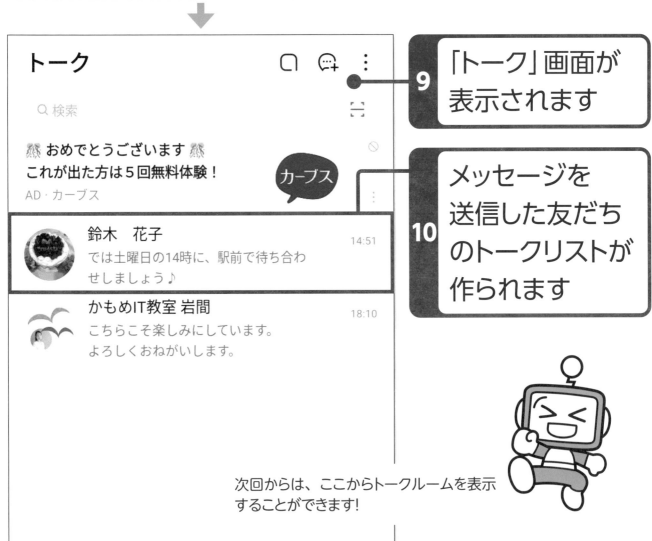

↓

トーク

検索

おめでとうございます
これが出た方は５回無料体験！
AD・カーブス
カーブス

鈴木　花子　14:51
では土曜日の14時に、駅前で待ち合わせしましょう♪

かもめIT教室 岩間　18:10
こちらこそ楽しみにしています。
よろしくおねがいします。

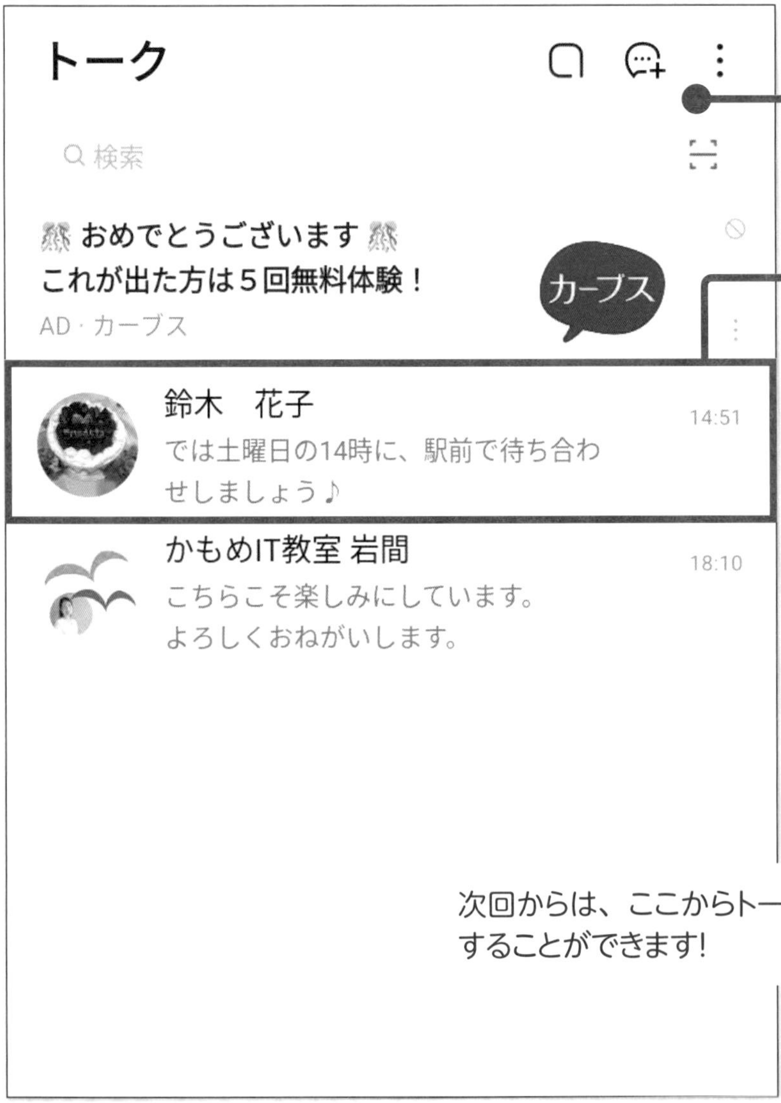

9 「トーク」画面が表示されます

10 メッセージを送信した友だちのトークリストが作られます

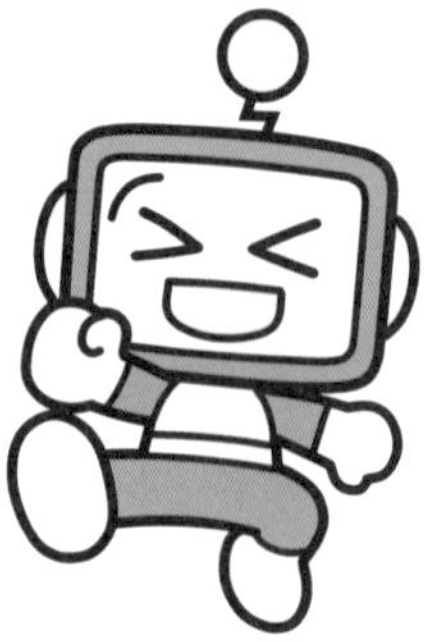

次回からは、ここからトークルームを表示することができます！

おわり

「既読」表示について

相手がLINEでメッセージを確認すると、「既読」と表示されます。これは相手がメッセージを確認したかしないかの目安になります。「既読」の下に表示されている時間はメッセージを送信した時間です。相手がメッセージを読んだ時間ではありません。

「既読」とついていないものは、相手が未確認のメッセージです!

Section 11

メッセージを受信しよう

LINEで友だちからメッセージが届くと、ロック画面やホーム画面に通知バナーが表示されます。LINEを開いてメッセージを確認しましょう。通知の設定は変更することもできます。

ロック画面からメッセージを表示する

1 ロック状態でメッセージを受信すると通知バナーが表示されます

2 通知バナーをタップします

ⓘ スマートフォンにPIN（パスコード）や指紋認証を設定している場合は、ロック解除の操作を行います

鈴木　花子

今日

土曜日の待ち合わせは何時にしますか？

既読 14:25

ここから未読メッセージ

14時はどうでしょうか？ 14:36

3 LINEが起動します

4 受信したメッセージを確認できます

ホーム画面からメッセージを表示する

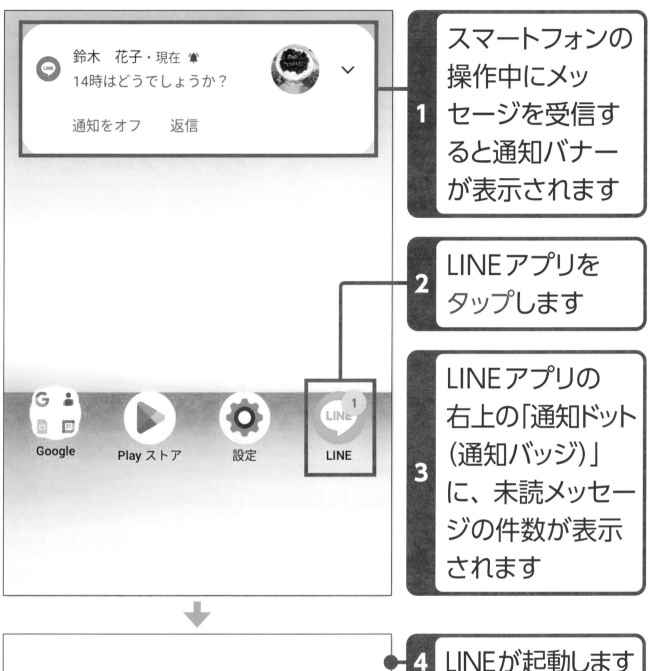

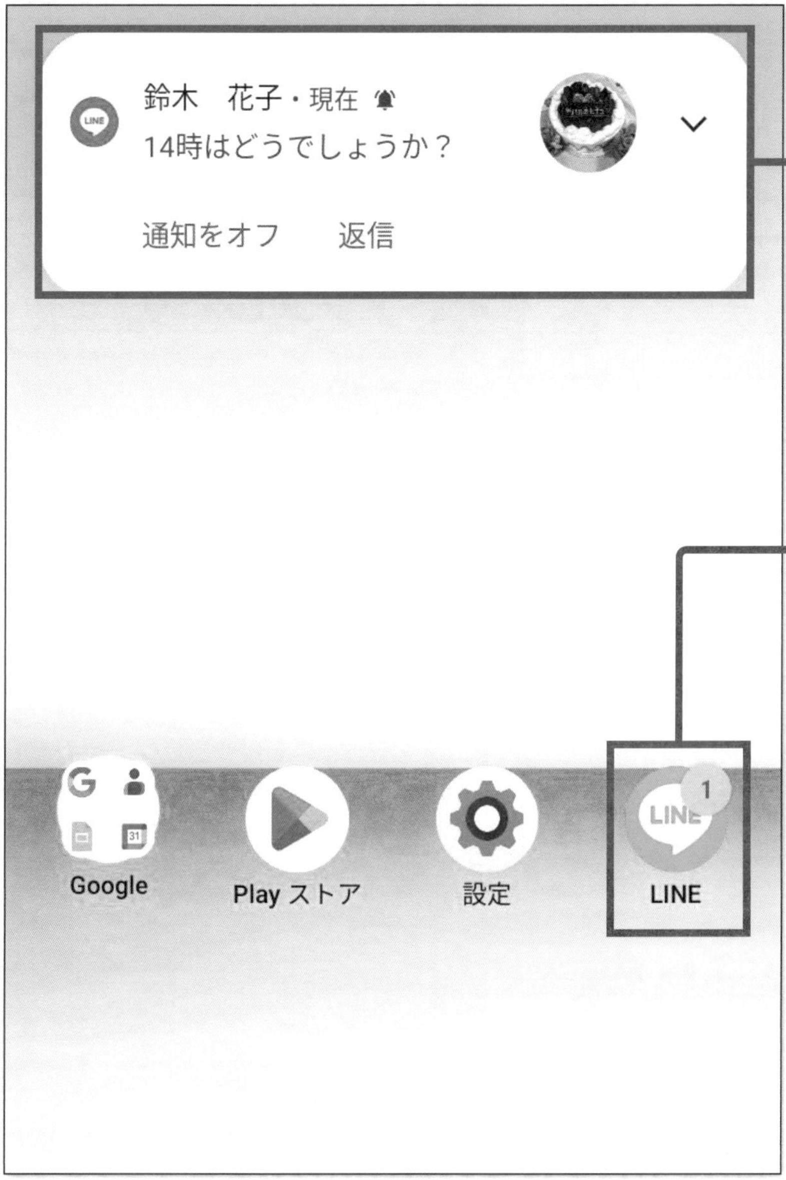

鈴木　花子・現在
14時はどうでしょうか？
通知をオフ　返信

Google　Play ストア　設定　LINE

1 スマートフォンの操作中にメッセージを受信すると通知バナーが表示されます

2 LINEアプリをタップします

3 LINEアプリの右上の「通知ドット（通知バッジ）」に、未読メッセージの件数が表示されます

4 LINEが起動します

5 トーク をタップします

トークボタンにも
未読件数が
表示されます!

次へ ▶

トーク

Q 検索

あなたは何月生まれですか？
2023年運勢は誕生日でわかります
AD・株式会社LIVIE

4月生まれ

鈴木　花子　19:03
14時はどうでしょうか？　1

かもめIT教室 岩間　18:10
こちらこそ楽しみにしています。
よろしくおねがいします。

6 トークリストが表示されます

7 未読メッセージのある友だちをタップします

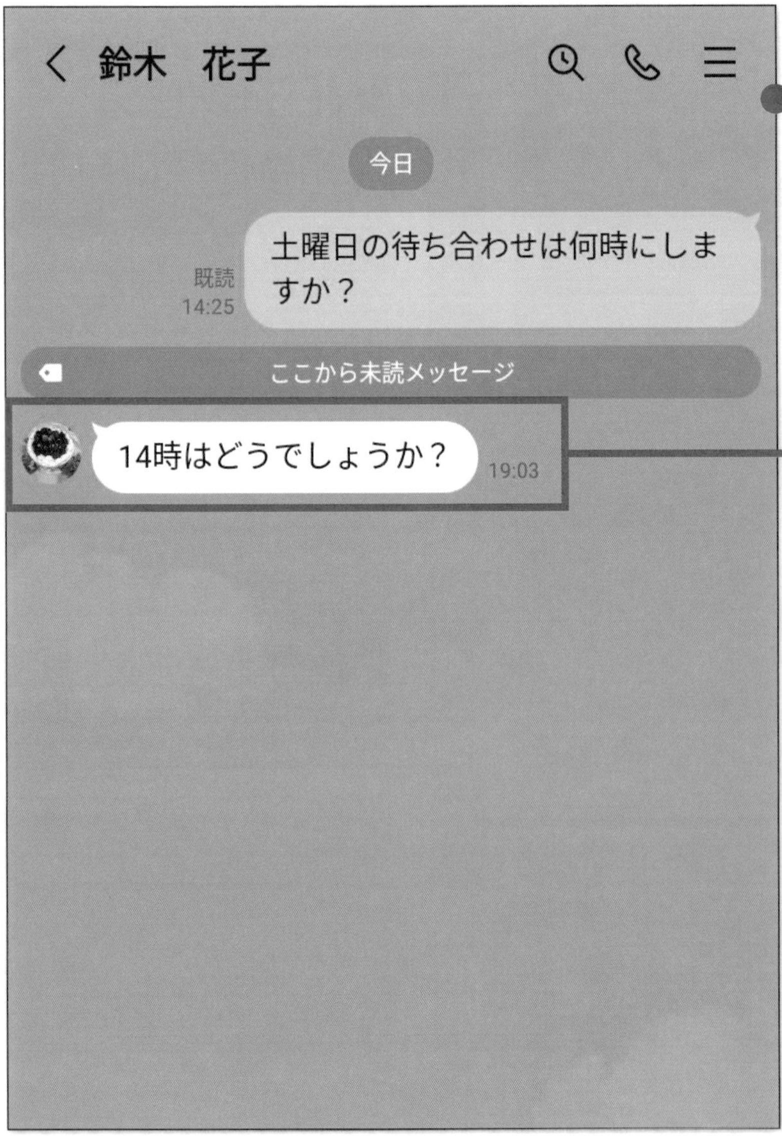

鈴木　花子

今日

既読 14:25 土曜日の待ち合わせは何時にしますか？

ここから未読メッセージ

14時はどうでしょうか？ 19:03

8 トークルームが表示されます

9 受信したメッセージを確認できます

メッセージを確認すると、
相手のトークルームに
「既読」が表示されます！

おわり

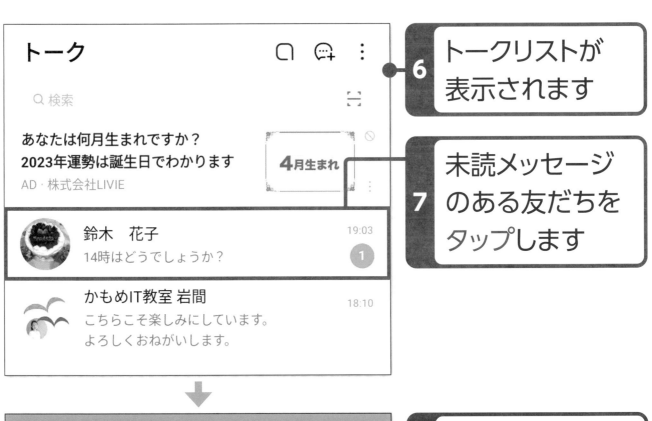

Column 通知の設定画面を表示するには

通知に関する設定は、以下の手順で表示される「設定」画面で行います。

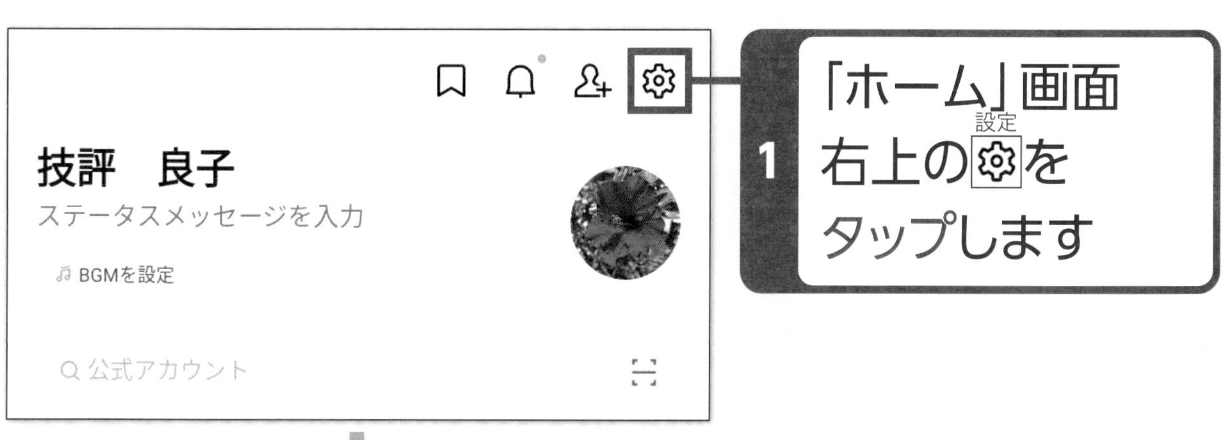

1 「ホーム」画面右上の⚙(設定)をタップします

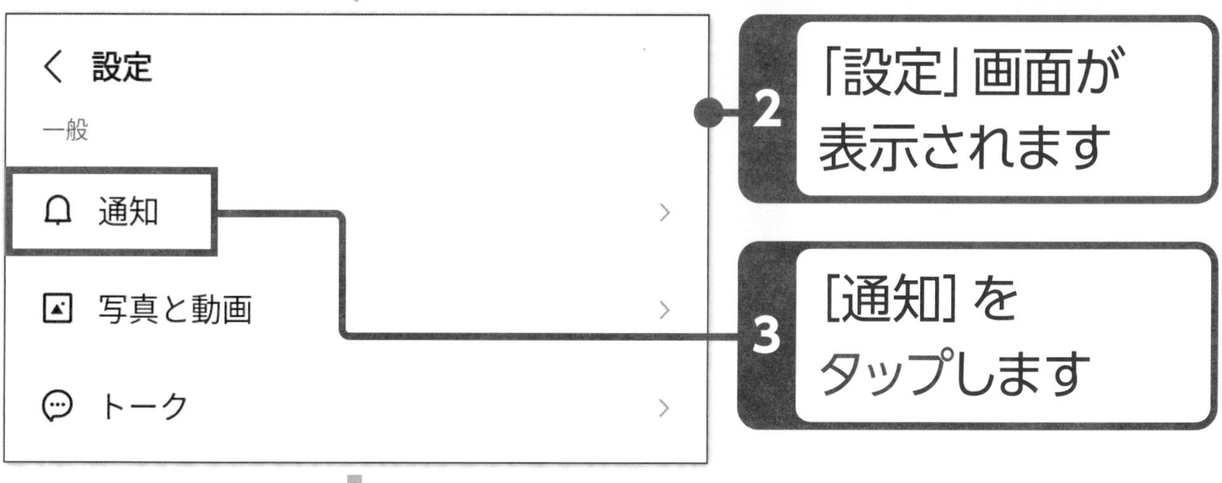

2 「設定」画面が表示されます

3 [通知]をタップします

通知
通知
通知設定
オン
アプリを強制終了すると、通知が遅れたり、受信できない場合があります。
LINE通知音を端末に追加
LINE通知音を端末の通知音として利用できます。

4 通知の設定画面が表示されます

この画面で、通知の様々な設定を変更することができます!

Section 12

スタンプを送信しよう

「スタンプ」とは気持ちやメッセージをイラストで表したものです。スタンプ1つで感情を伝えることができ、手軽に楽しめます。LINEに標準搭載されている無料スタンプを利用できます。

無料スタンプをダウンロードしよう

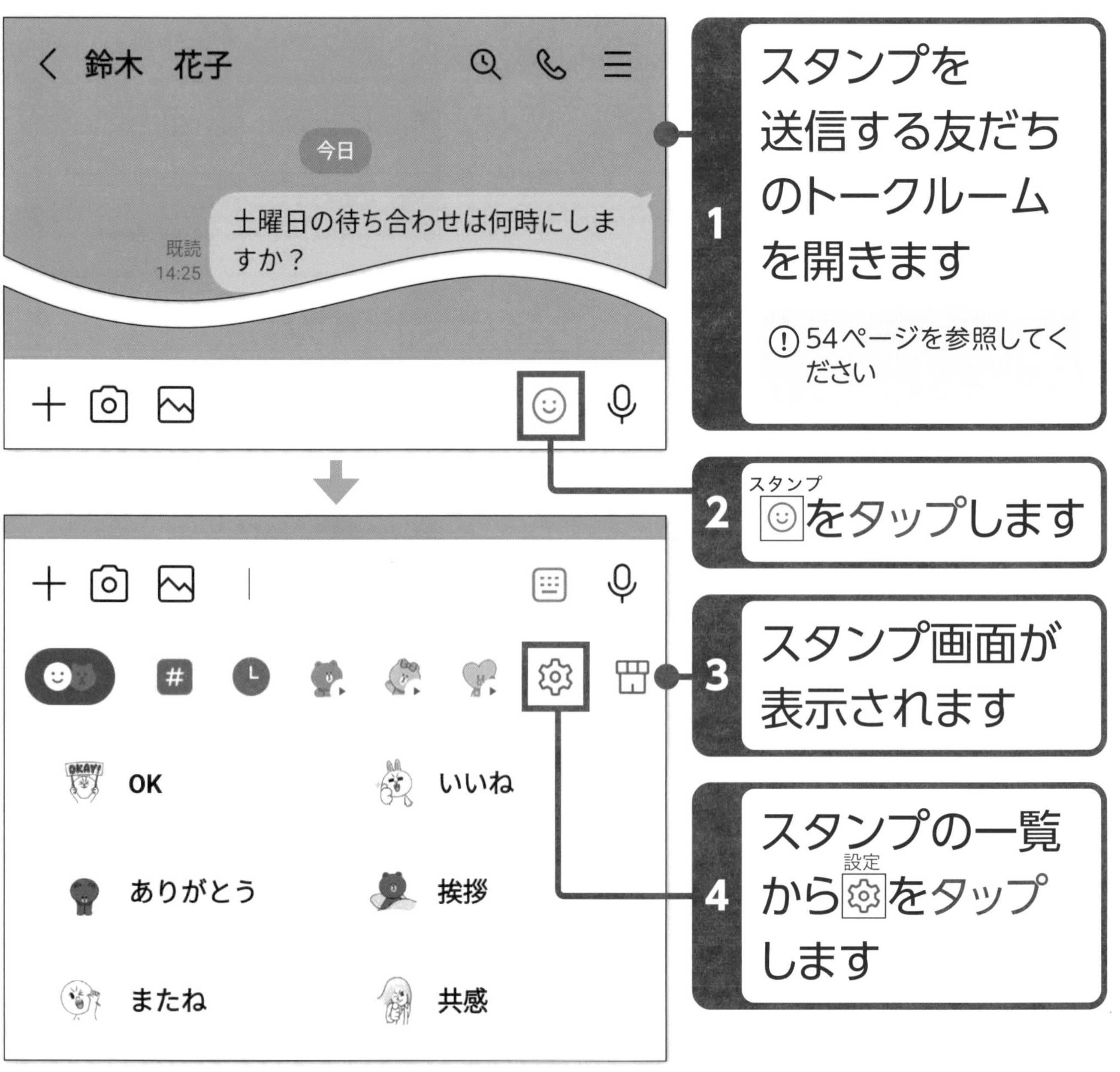

1 スタンプを送信する友だちのトークルームを開きます

54ページを参照してください

2 [スタンプ]をタップします

3 スタンプ画面が表示されます

4 スタンプの一覧から[設定]をタップします

スタンプ
LINEスタンプ プレミアム
プラン
マイスタンプ
マイスタンプ編集
購入履歴
プレゼントボックス

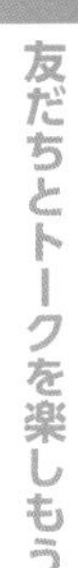

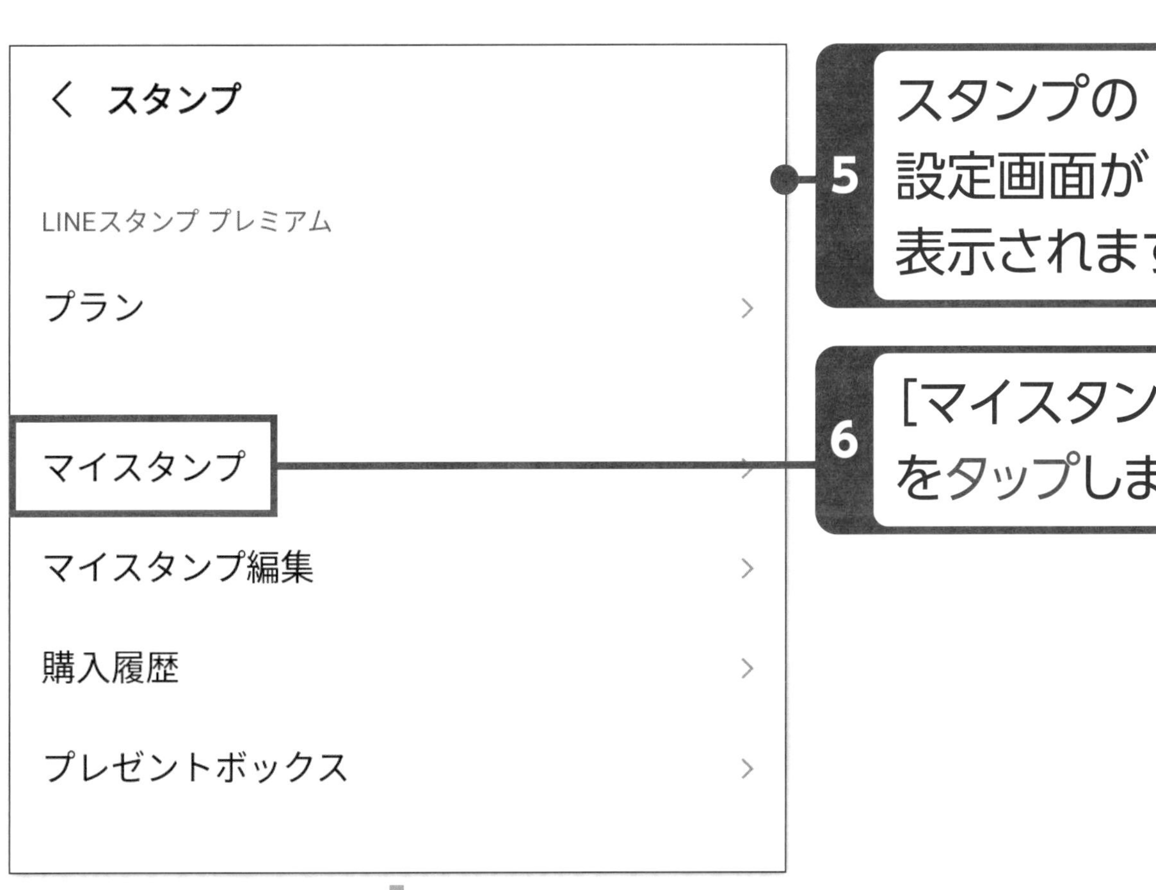

5 スタンプの設定画面が表示されます

6 [マイスタンプ]をタップします

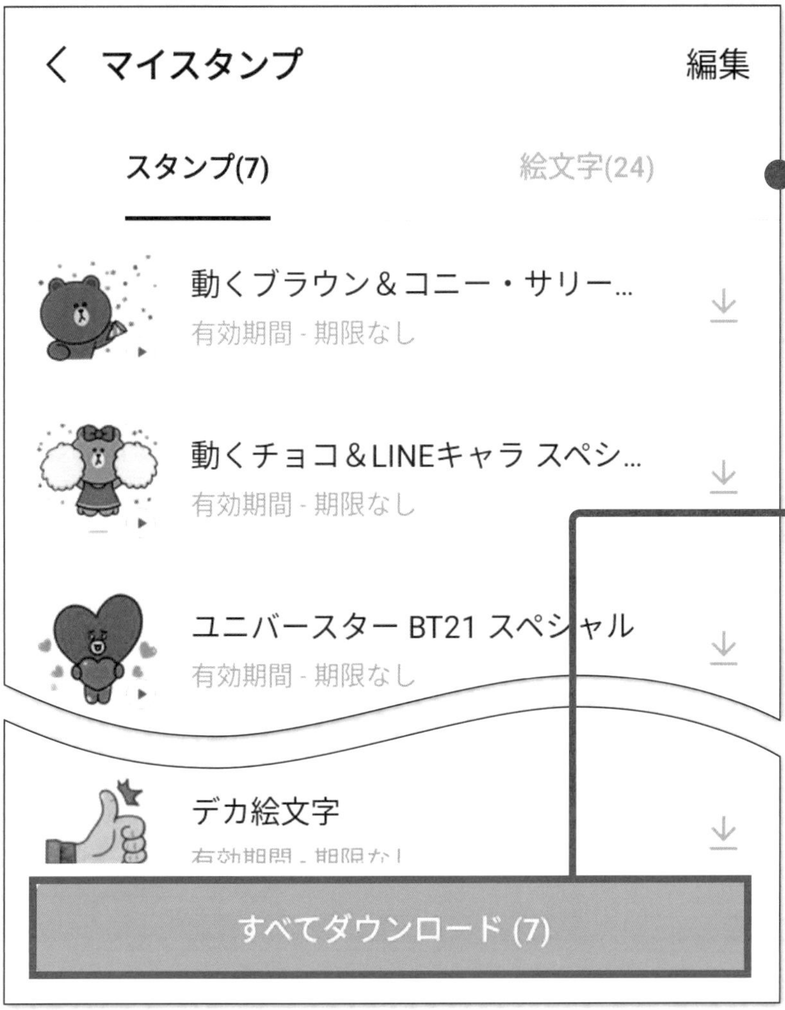

マイスタンプ
編集
スタンプ(7)
絵文字(24)
動くブラウン&コニー・サリー…
有効期間 - 期限なし
動くチョコ&LINEキャラ スペシ…
有効期間 - 期限なし
ユニバースター BT21 スペシャル
有効期間 - 期限なし
デカ絵文字
すべてダウンロード (7)

7 無料で利用できる標準スタンプ一覧が表示されます

8 [すべてダウンロード]をタップします

次へ ▶

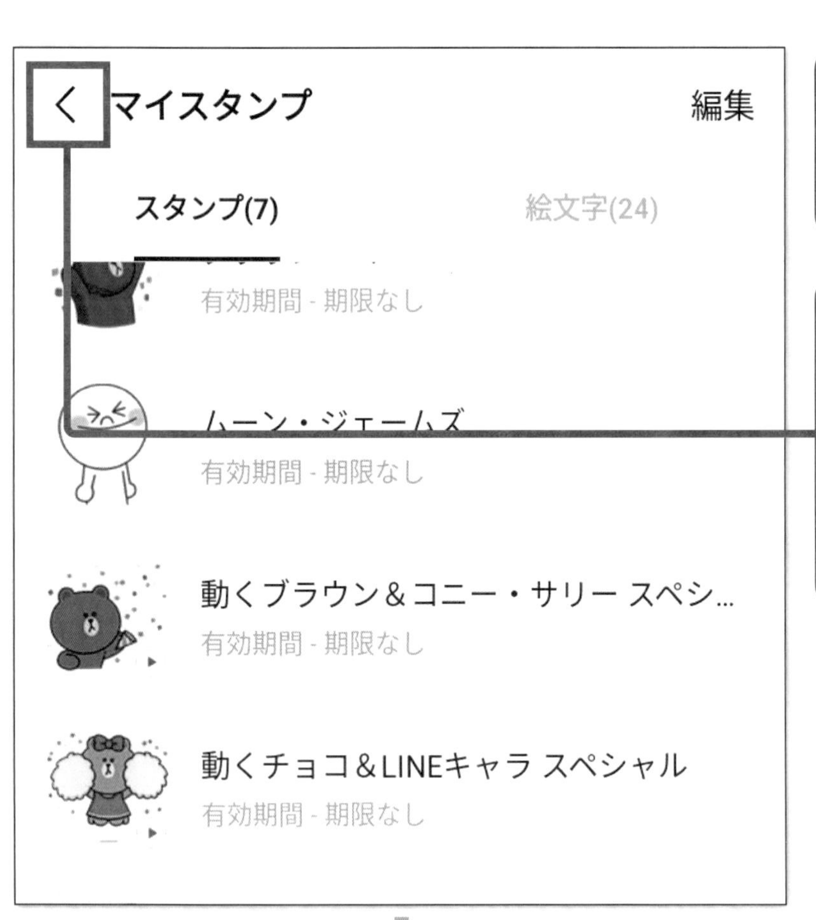

9 ダウンロードが完了しました

10 [＜]を2回続けてタップします

ⓘ iPhoneの場合は［＜］の後に［×］をタップします

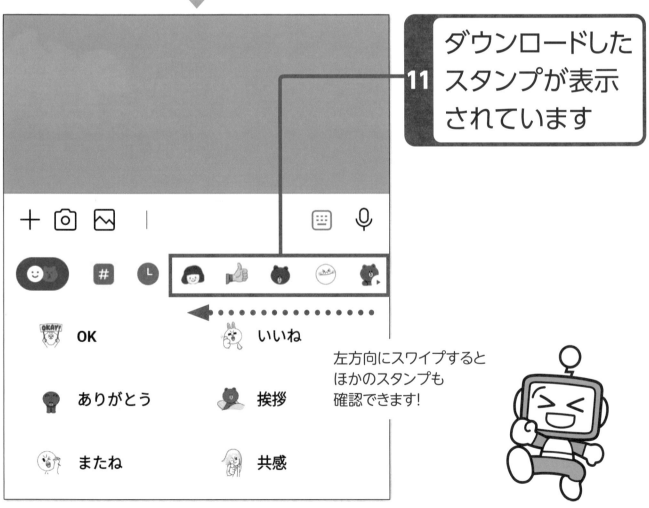

OK
いいね
ありがとう
挨拶
またね
共感

11 ダウンロードしたスタンプが表示されています

左方向にスワイプすると
ほかのスタンプも
確認できます!

スタンプを送信しよう

1 スタンプを送信する友だちのトークルームを開きます

54ページを参照してください

2 スタンプ☺をタップします

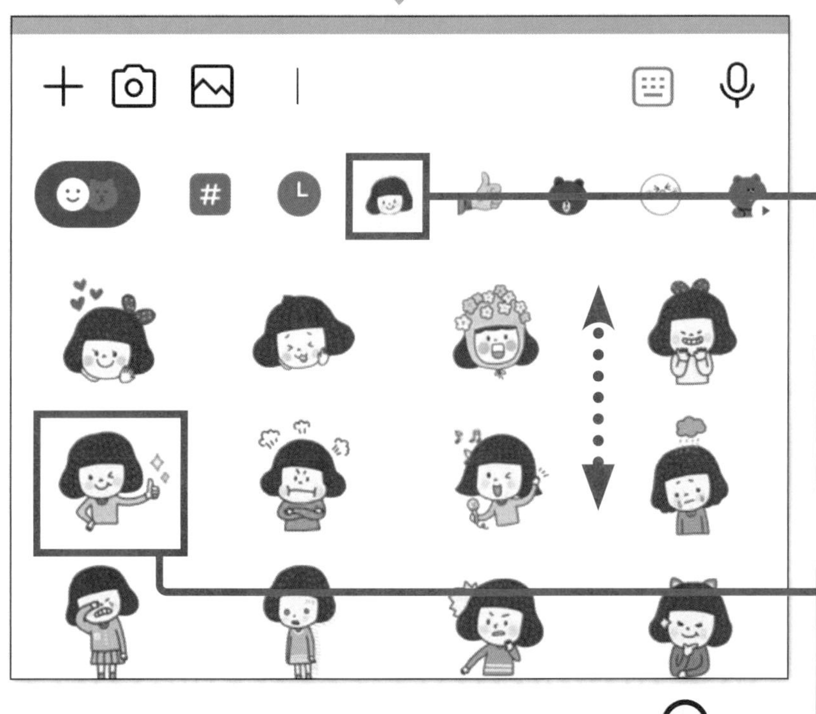

3 スタンプの種類を選んでタップします

4 スタンプの一覧が表示されます

5 送りたいスタンプを選んでタップします

上下にスワイプすると隠れているスタンプが表示されます！

次へ▶

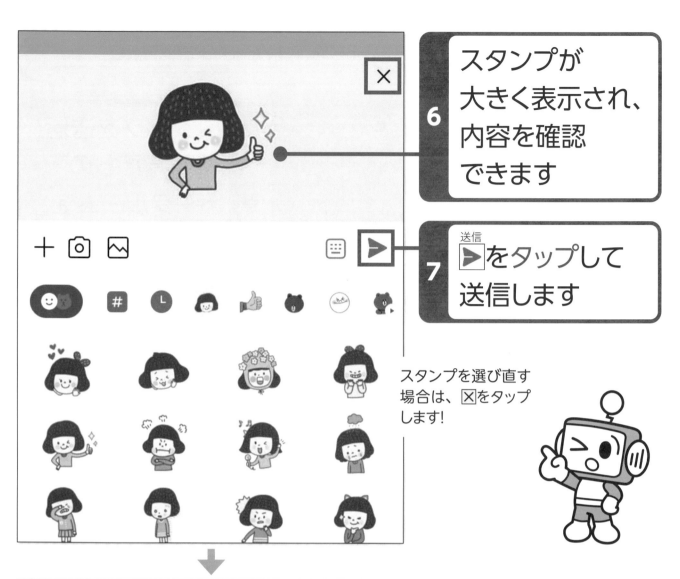

6 スタンプが大きく表示され、内容を確認できます

7 送信 ▶をタップして送信します

スタンプを選び直す場合は、☒をタップします!

8 スタンプが送信されました

おわり

スタンプの種類

スタンプの中には、イラストが動く種類のものもあり、より楽しく感情を伝えることができます。

●通常のスタンプ

●動くスタンプ

「再生」マークが目印です!

Column 絵文字とスタンプの切り替え

スタンプの種類一覧の左上にある をタップすると、文字の中に入力する「絵文字」に切り替わります。再び をタップすると「スタンプ」に戻ります。間違えないように確認して利用しましょう。

●スタンプ

●絵文字

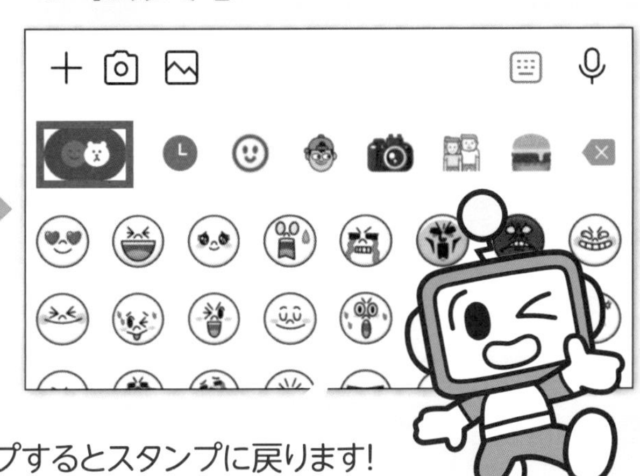

タップするとスタンプに戻ります!

Section 13 もっとスタンプを入手しよう

スタンプの中には、企業がキャンペーンとして期間限定で無料配布しているものもあります。ただし利用するには、友だち追加するなど一定の条件が必要です。

条件付きスタンプをダウンロードしよう

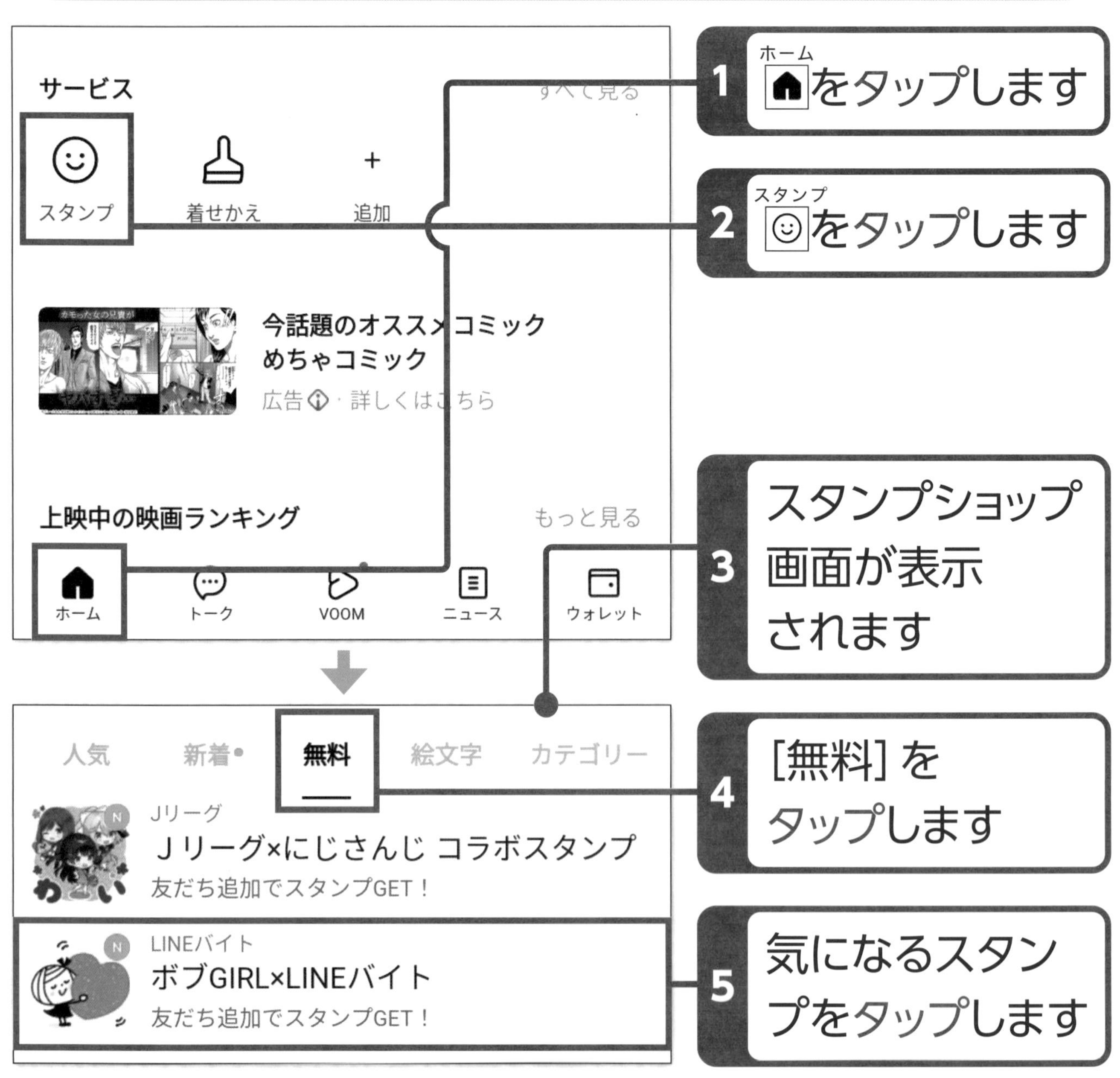

LINEバイト

ボブGIRL×LINEバイト

有効期間：90日間

LINEバイト
LINEでバイト探しを簡単に♪

友だち追加して無料ダウンロード

大人気！「ボブGIRL」がどうぶつ達と一緒にLINEバイトとコラボ！敬語で使いやすくてとっても可愛いスタンプが16種類。LINEバイト公式アカウントと友だちになるともらえるよ！配信期間：2023/05/03まで

ダウンロード完了

LINEバイト

ボブGIRL×LINEバイト

スタンプは自動でダウンロードされます。

OK

6 スタンプの詳細画面で入手条件などを確認します

(!) スタンプ利用の有効期限や入手条件などが記載されています

7 [友だち追加して無料ダウンロード] をタップします

8 スタンプのダウンロードが完了しました

(!) 企業の公式アカウントが自動的に友だちに追加されます

9 [OK] をタップします

10 ☒をタップして画面を閉じます

次へ ▶

Column 有料のスタンプを入手するには

有料スタンプを入手するには、LINE内の仮想通貨である「コイン」の購入（チャージ）が必要です。

ホーム
人気
新着
無料
絵文字
6
SANRIO
mofusand×サンリオキャラクター…
100
7
吉本興業株式会社
有料スタンプには、黄色いコインと金額が表示されています！
1
スタンプショップを開き、購入したいスタンプをタップします
70ページ参照
SANRIO
mofusand×サンリオキャラクターズ
100 保有コイン：0
プレゼントする
購入する
2
［購入する］をタップします
3
コインが不足している場合は購入が必要です
70 (+0) ¥160
130 (+0) ¥320
200 (+0) ¥480
275 (+0) ¥650
4
購入する金額をタップし、手順に従ってスタンプを入手します
支払い方法はスマートフォンに登録している設定によって様々です

ダウンロードしたスタンプを確認してみよう

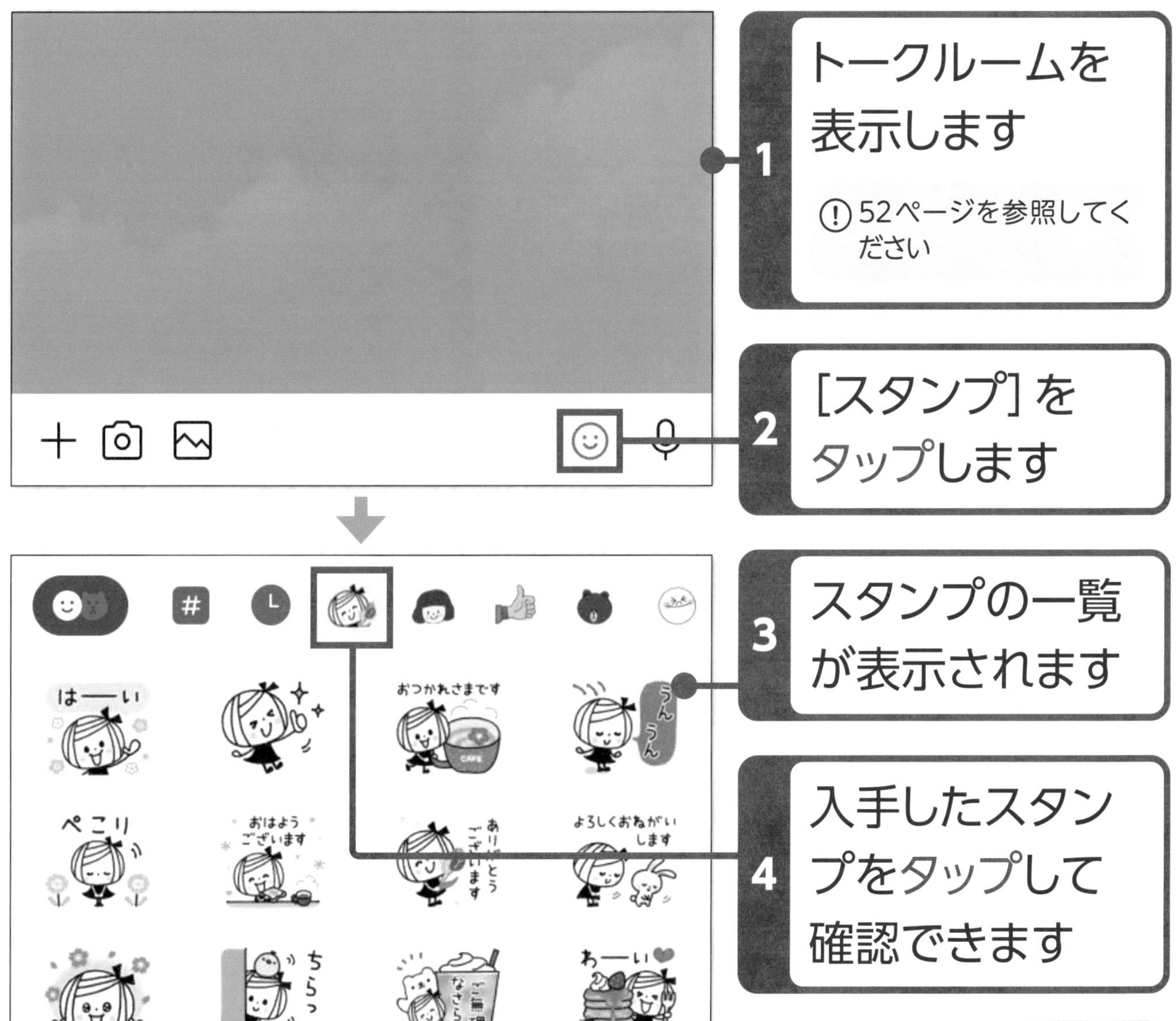

1 トークルームを表示します

(!) 52ページを参照してください

2 [スタンプ] をタップします

3 スタンプの一覧が表示されます

4 入手したスタンプをタップして確認できます

おわり

Column 通知が増えて煩わしいときは?

●通知をオフにするには

156ページを参照してください。

●メッセージをブロックするには

メッセージの受信をストップする場合は146ページを参照してください。

Section 14

写真を送信しよう

LINEで友だちに、スマートフォンで撮影した写真や動画を送ることができます。1枚送るのはもちろん、複数枚同時に送ることもできます。スマートフォンに保存してある写真を送信してみましょう。

写真を送信してみよう

1 写真を送信する友だちのトークルームを開きます

(!) 54ページを参照してください

2 写真 をタップします

(!) 写真ボタンが隠れている時は [>] をタップして表示しましょう

3 スマートフォンに保存されている写真の一覧が表示されます

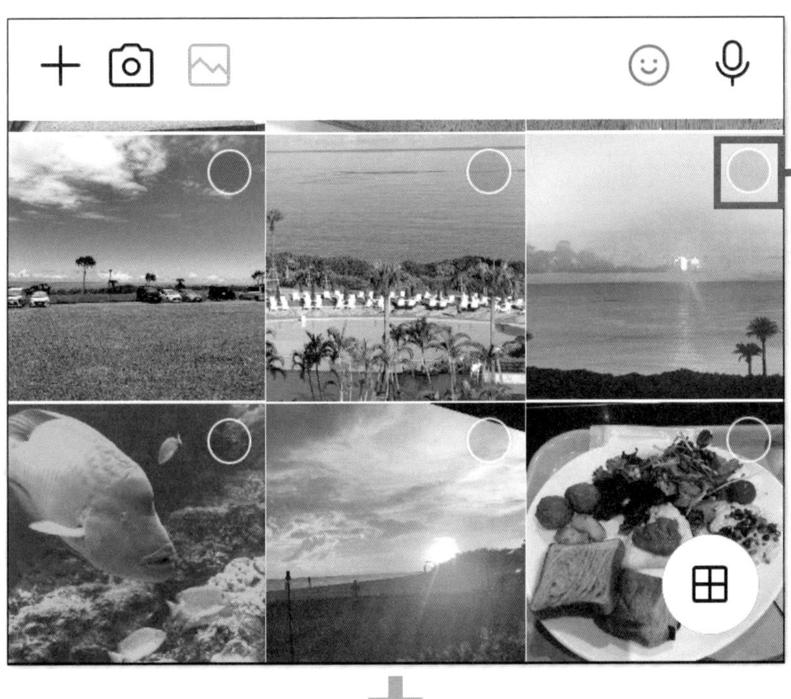

4 送信する写真の右上にある〇をタップします

5 選択している写真の数が表示されます

ⓘ 写真の選択を解除するには、数字をタップします

6 送信 ▶ をタップします

7 写真が送信されました

既読
19:07

既読
19:08
では土曜日の14時に、駅前で待ち合わせしましょう♪

19:49

写真についてのメッセージも別途送ってみましょう!

2章 友だちとトークを楽しもう

次へ ▶

複数枚の写真を同時に送信してみよう

1 写真の選択画面を表示します

① 74ページを参照してください

2 複数の写真の◯をタップします

3 選択している写真の枚数がタップした順に表示されます

4 送信 ▶をタップします

5 複数の写真が同時に送信されました

送信する前に枚数を確認しておきましょう!

おわり

Column 受信した写真を大きく表示して見るには

1 受信した写真をタップします

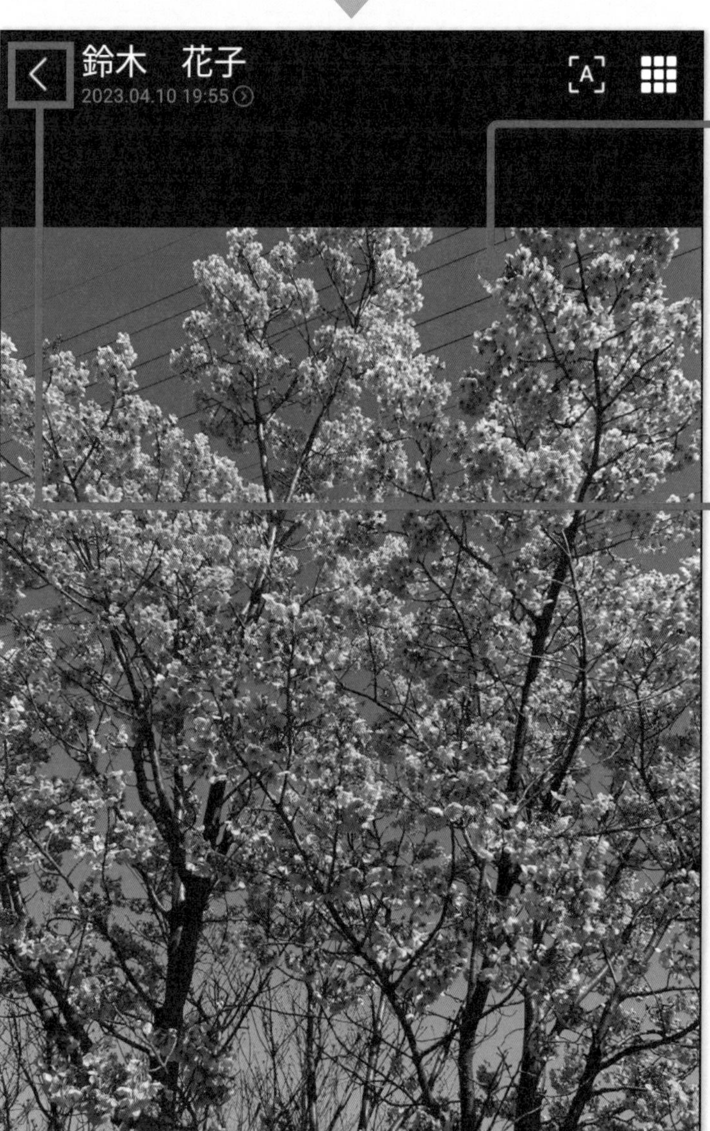

2 写真が大きく表示されます

3 くをタップすると、前の画面に戻ります

iPhoneの場合は［×］をタップします

Section 15

動画を送信しよう

スマートフォンで撮影した動画を送ることができます。送信できる動画は最大5分までとなっています。動画はファイルサイズが大きいため、送受信する際に時間がかかる場合があります。

動画を送信してみよう

1 動画を送信する友だちのトークルームを開きます

54ページを参照してください

2 写真 をタップします

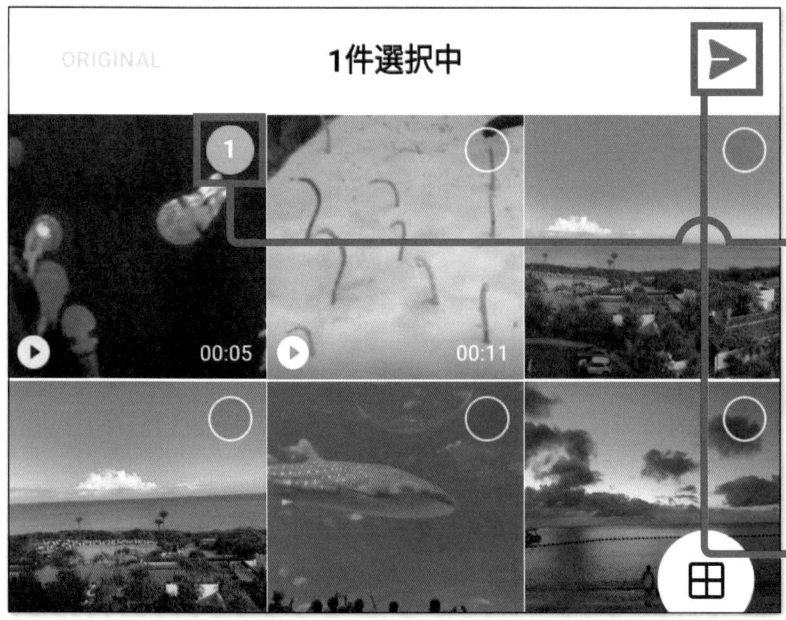

3 送信する動画の右上にある 1 をタップします

動画の右下には、再生時間が表記されています

4 送信 をタップします

5 動画が送信されました

おわり

Column 受信した動画を再生するには

1 受信した動画をタップします

2 動画が再生されます

Section 16

受信した写真をスマートフォンに保存しよう

LINEで受信した写真や動画は、一定期間経つとLINEのサーバーから削除されてしまいます。必要なものは早めに確認し、自分のスマートフォンに保存しておきましょう。

受信した写真をスマートフォンに保存しよう

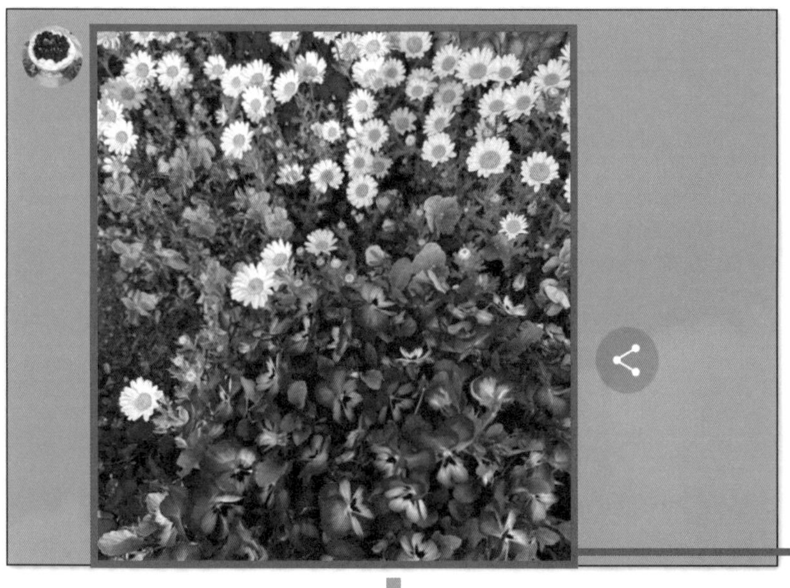

1 トークルームで友だちから送られてきた写真を表示します

ⓘ 54ページを参照してください

2 写真をタップします

3 写真が大きく表示されました

4 右下の[保存]をタップします

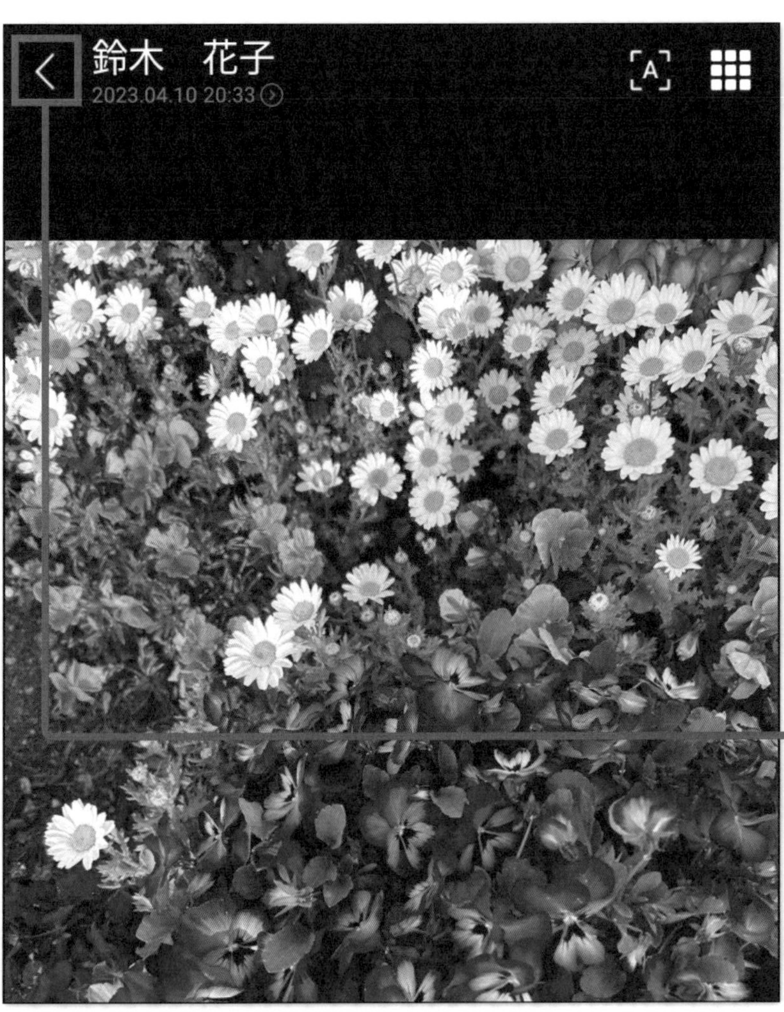

5 写真がスマートフォンに保存されます

保存した写真は、「フォト」アプリ（iPhoneの場合は「写真」アプリ）などで見ることができます

6 ＜をタップして画面を閉じます

iPhoneの場合は［×］をタップして画面を閉じます

おわり

Column 複数枚同時に受信した写真を保存するには

複数枚同時に受信した写真の中の１枚をタップして保存しようとすると、保存枚数を選択する画面が表示されます。すべての写真か、この写真のみかを選んで保存します。

第3章

音声通話やビデオ通話を楽しもう

LINEでは友だちとの音声通話やビデオ通話を利用することができます。LINEの通話にはインターネットを利用します。そのため、インターネットへの接続が安定している場所で利用するようにしましょう。

この章でできるようになること

音声通話の使い方がわかります！

→ 84～89ページ

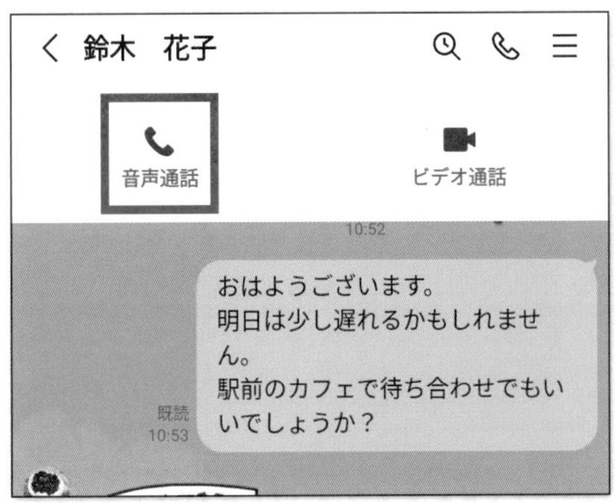

LINEの友だちに電話をかけることができます

ビデオ通話の使い方がわかります！

→ 90～95ページ

家族や友達と顔を見ながら通話を楽しむことができます

ビデオ通話中にできる操作がわかります！

→ 92, 93ページ

ビデオ通話中のオプション操作やメニューの表示方法がわかります

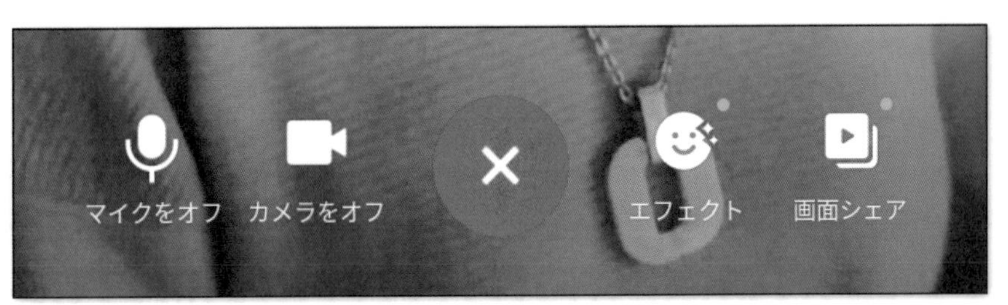

Section 17

LINEの音声通話を楽しもう

LINEでは、友だち同士であればインターネットを経由して電話をかけることができます。通話料がかからないので便利です。音声通話の利用方法を確認してみましょう。

LINEで電話をかけよう

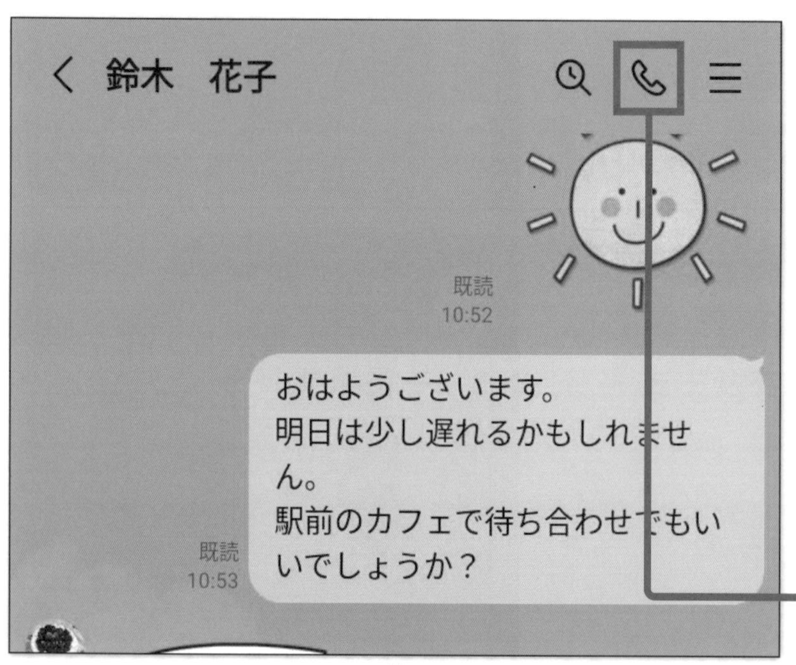

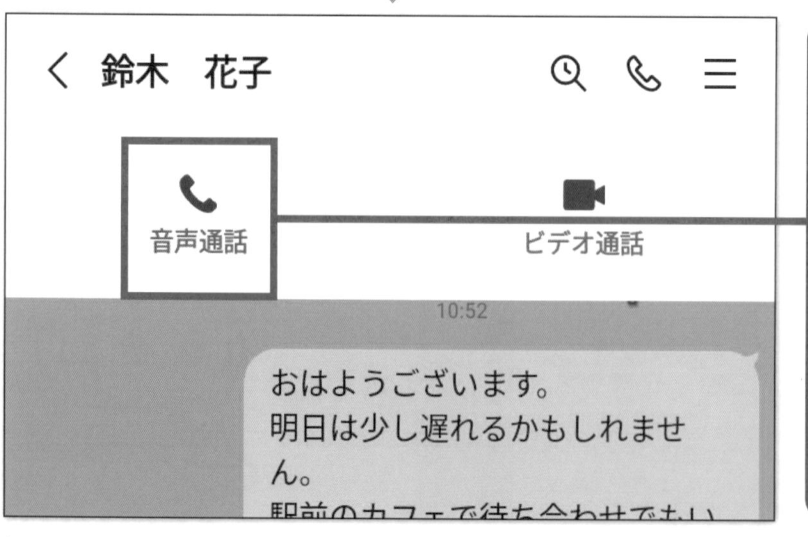

1 LINE電話をする友だちのトークルームを開きます

54ページを参照してください

2 電話 をタップします

3 音声通話 をタップします

マイクの許可について表示された場合は［アプリ使用時のみ］をタップします

iPhoneの場合は［OK］をタップします

4 相手にLINE電話がかかります

5 相手が着信を受けると通話が始まります

スマートフォンを耳にあてて通話しましょう!

6 通話を終了する場合は×をタップします

7 通話が終了すると、トークルームに音声通話の履歴が表示されます

次へ ▶

Column LINEの不在着信から電話をかけるには

LINE電話に出られなかった場合、トークルームに「不在着信」と表示されます。「不在着信」から折り返し電話をかけることができます。

1 トークルームの［不在着信］をタップします

2 友だちの詳細画面が表示されます

3 音声通話 をタップします

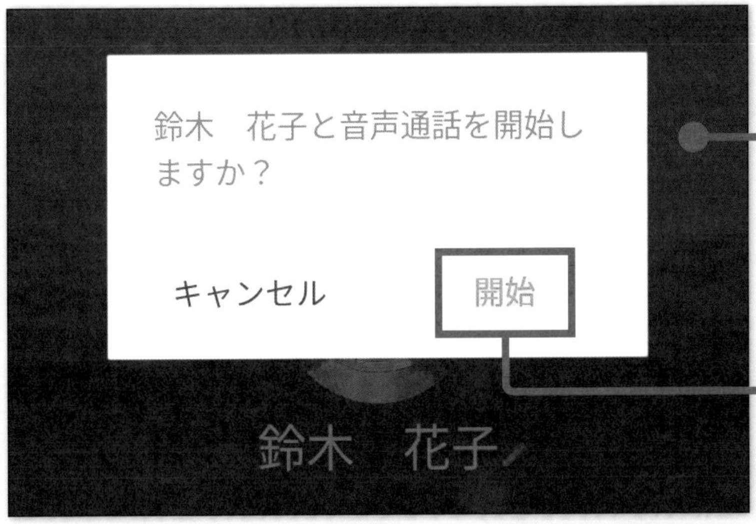

4 音声通話開始の確認画面が表示されます

5 [開始] をタップします

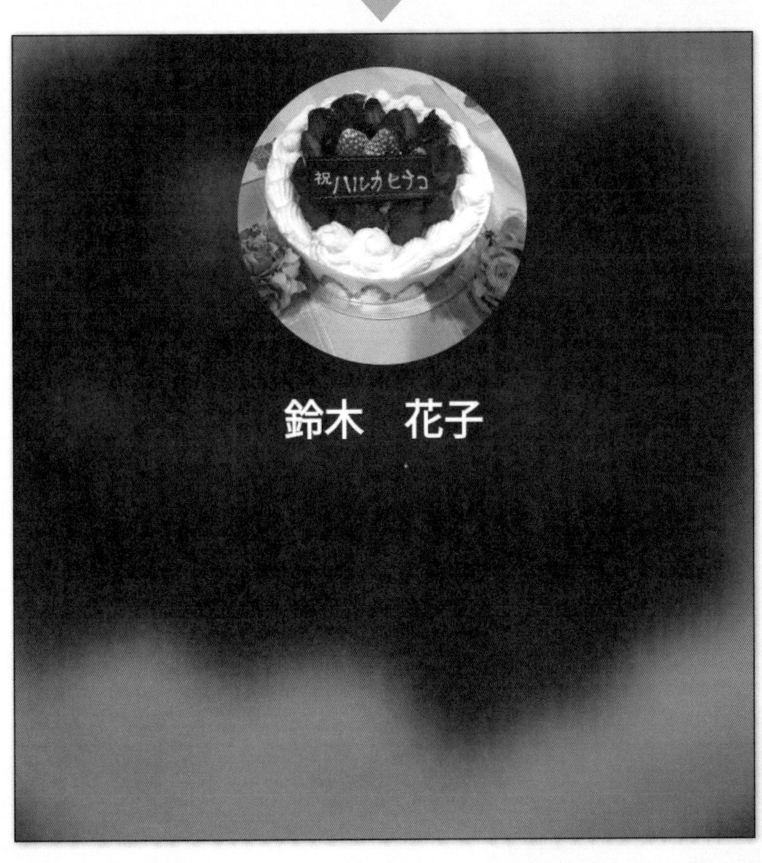

6 相手にLINE電話がかかります

Column LINE電話は通話料金をかけずに利用できる

LINEの音声通話やビデオ通話は、通常の電話に利用する通話回線ではなく、インターネットに接続して利用します。そのため、通話料金がかかることなく利用できます。

LINEの電話を受けよう（Androidの場合）

1 LINE電話の着信があると相手の名前とプロフィール画像が表示されます

2 応答 をタップします

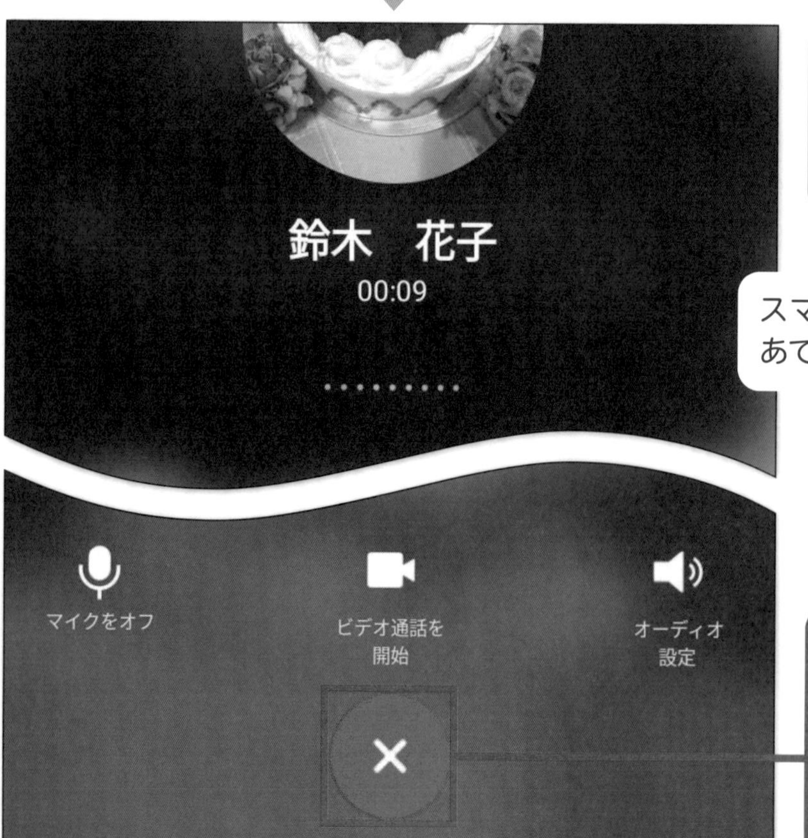

3 通話が始まります

スマートフォンを耳にあてて通話しましょう!

4 通話を終了する場合は 終話 をタップします

LINEの電話を受けよう（iPhoneの場合）

1 LINE電話の着信があると相手の名前と「LINEオーディオ」と表示されます

2 ［>］を右方向にスワイプします

3 通話が始まります

スマートフォンを耳にあてて通話しましょう!

4 通話を終了する場合は［終話］をタップします

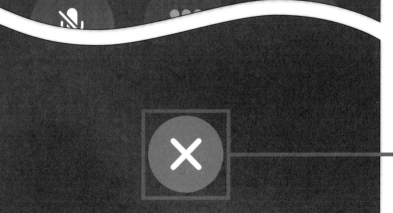

おわり

3章

音声通話やビデオ通話を楽しもう

Section 18

LINEのビデオ通話を楽しもう

LINEでは、お互いの顔を見ながら会話ができる「ビデオ通話」を利用できます。直接会えなくても、顔を見ながら話すことで相手の様子を確認できるので便利です。

ビデオ通話をかけよう

1 ビデオ通話をする友だちのトークルームを開きます

(!) 54ページを参照してください

2 電話 をタップします

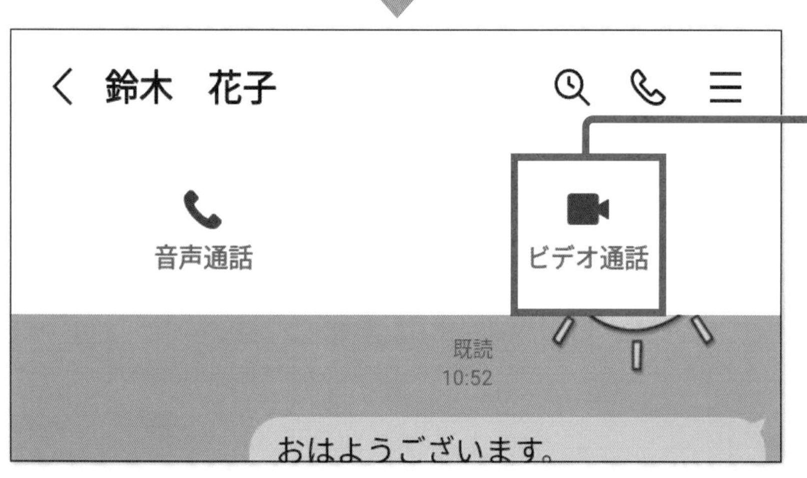

3 ビデオ通話 をタップします

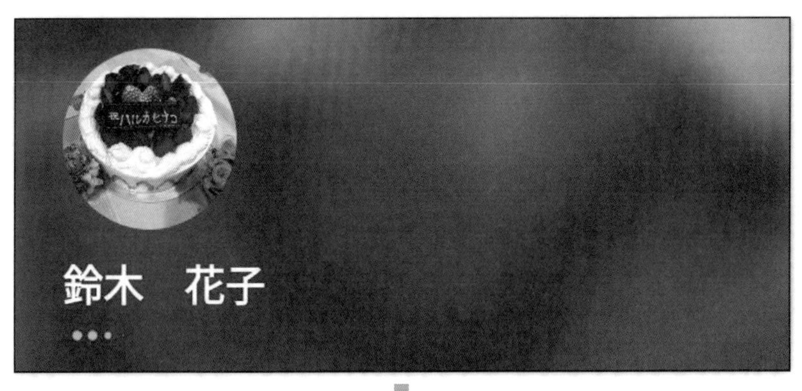

4 相手にビデオ通話がかかります

マイクをオフ　カメラをオフ　エフェクト　画面シェア

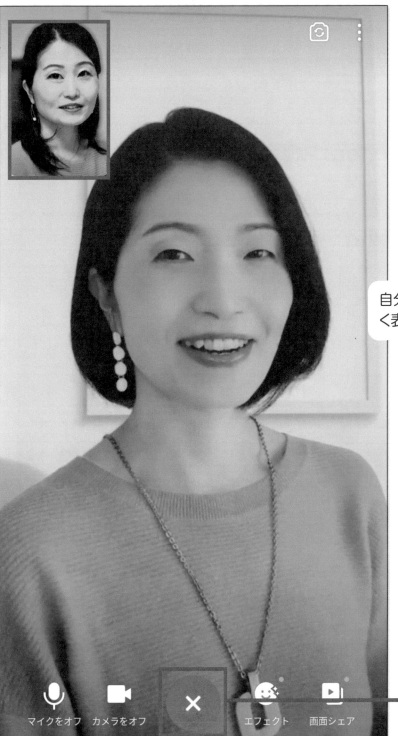

5 相手が着信を受けるとビデオ通話が始まります

! 相手の顔が画面に表示されます

自分の顔は左上に小さく表示されます!

6 通話を終了する場合は 終話 × をタップします

次へ ▶

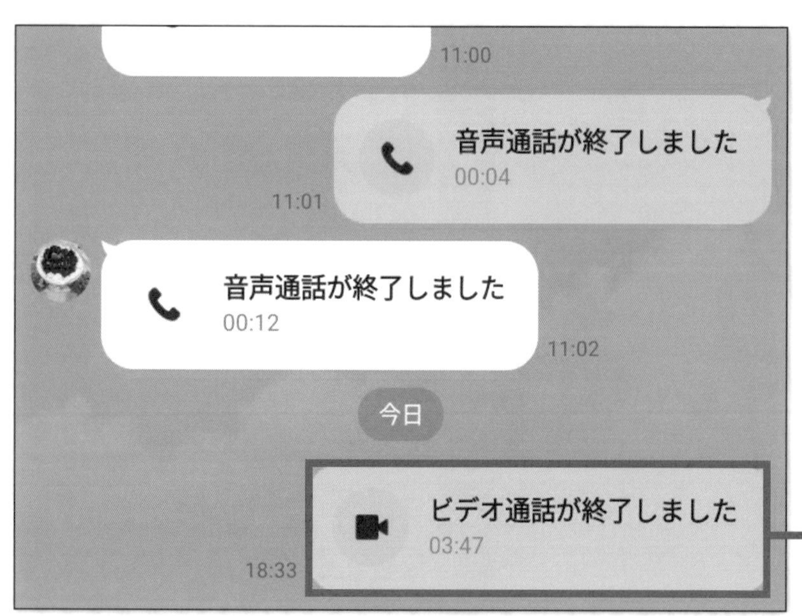

7 通話が終了すると、トークルームにビデオ通話の履歴が表示されます

解説

画面にメニューが表示されない場合は

ビデオ通話中、しばらく経つと画面のメニューが非表示になります。画面をタップすると、再びメニューが表示されます。

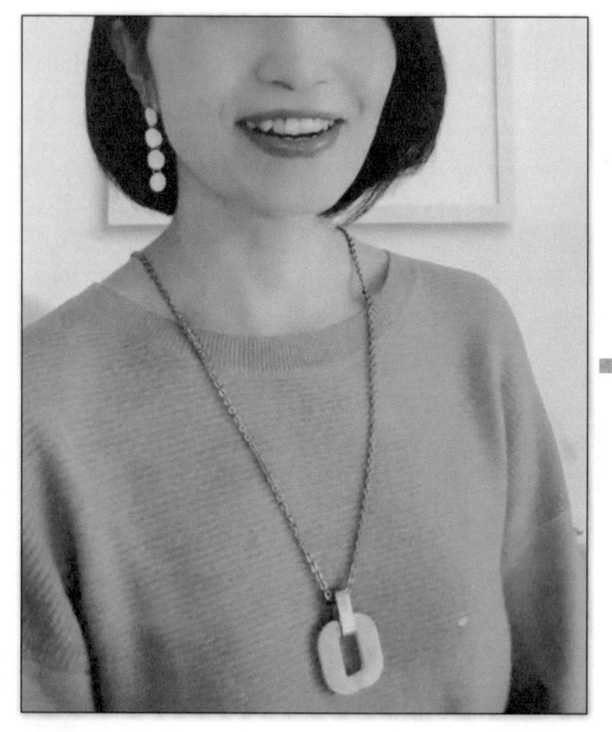

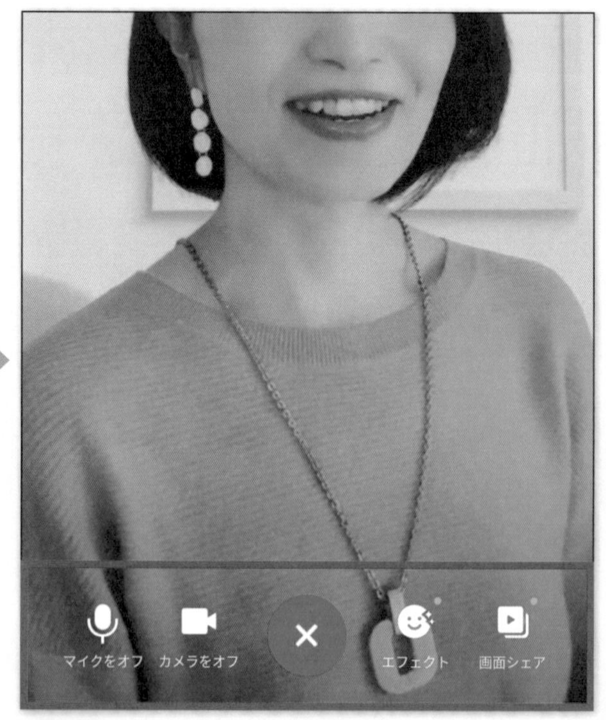

1 画面をタップします

2 メニューが表示されます

Column 相手に顔が見えないようにするには

ビデオ通話中にカメラをオフにして、相手の画面に自分の顔を映らないようにすることができます

1 ビデオ通話のメニューから［カメラをオフ］をタップします

ⓘ メニューが表示されていない場合は、画面の上をタップして表示します

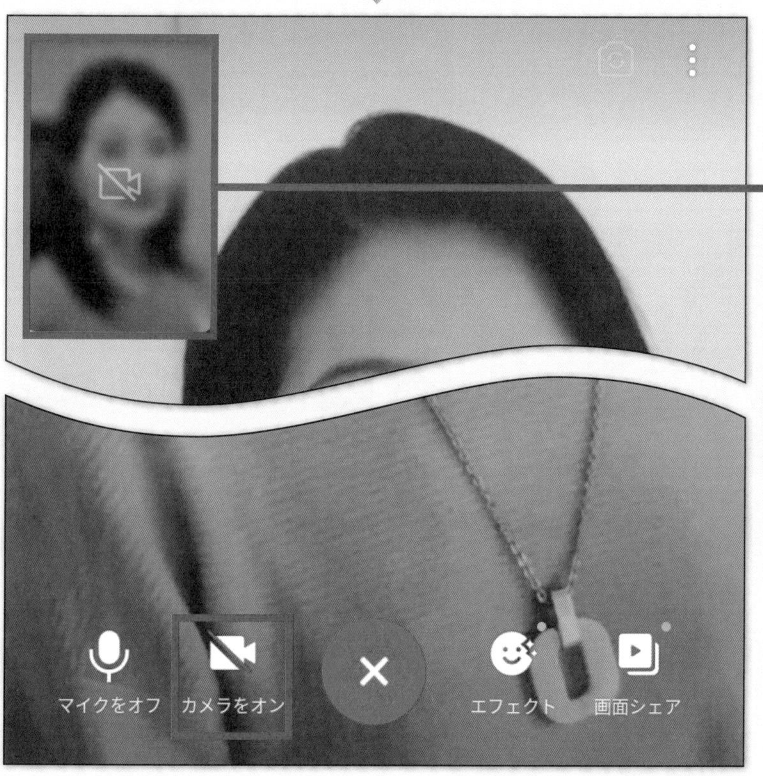

2 相手の画面に自分の顔が映らなくなります

ⓘ［カメラをオン］をタップすると自分の顔が映るようになります

ビデオ通話を受けよう（Androidの場合）

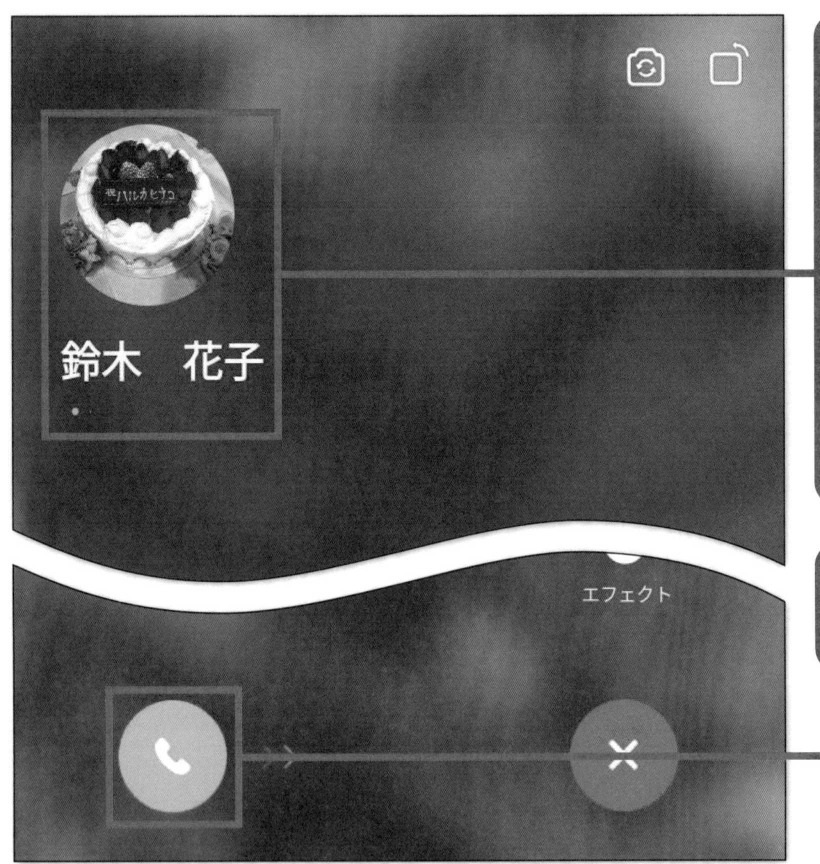

1 LINEのビデオ通話の着信があると相手の名前とプロフィール画像が表示されます

2 応答 をタップします

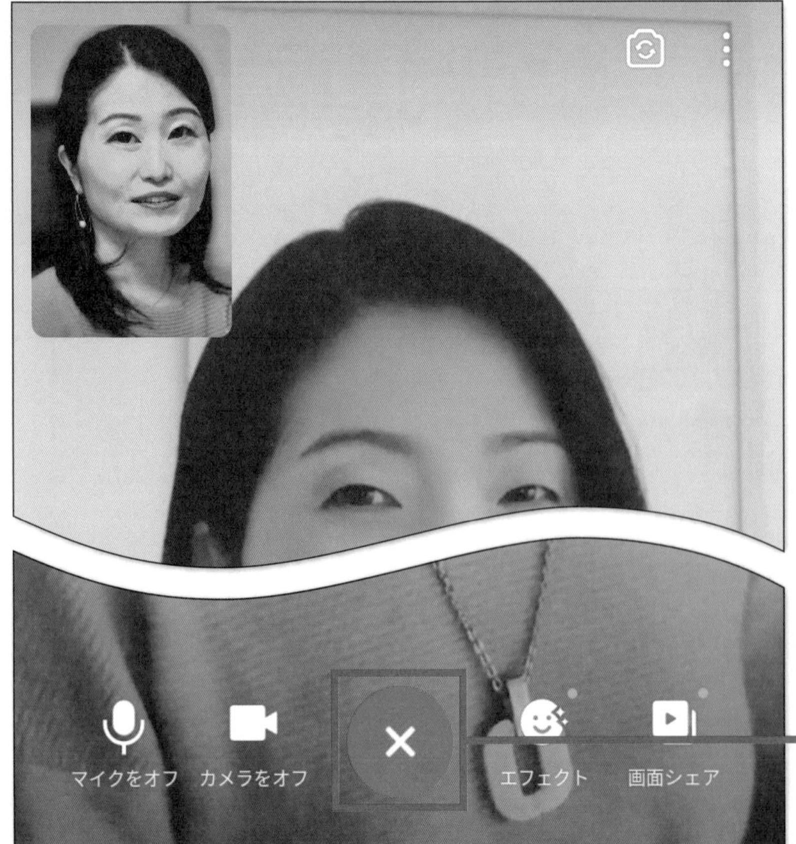

3 ビデオ通話が始まります

4 通話を終了する場合は 終話 をタップします

ビデオ通話を受けよう（iPhoneの場合）

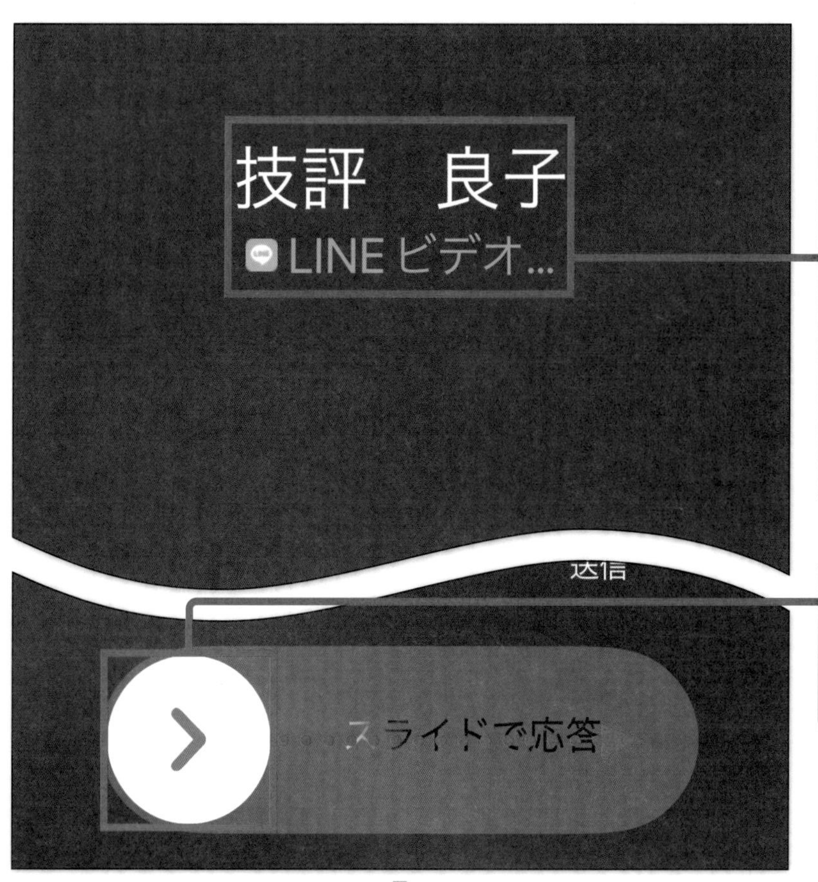

1 LINEの ビデオ通話の着信があると相手の名前と「LINEビデオ」と表示されます

2 ＞を右方向にスワイプします

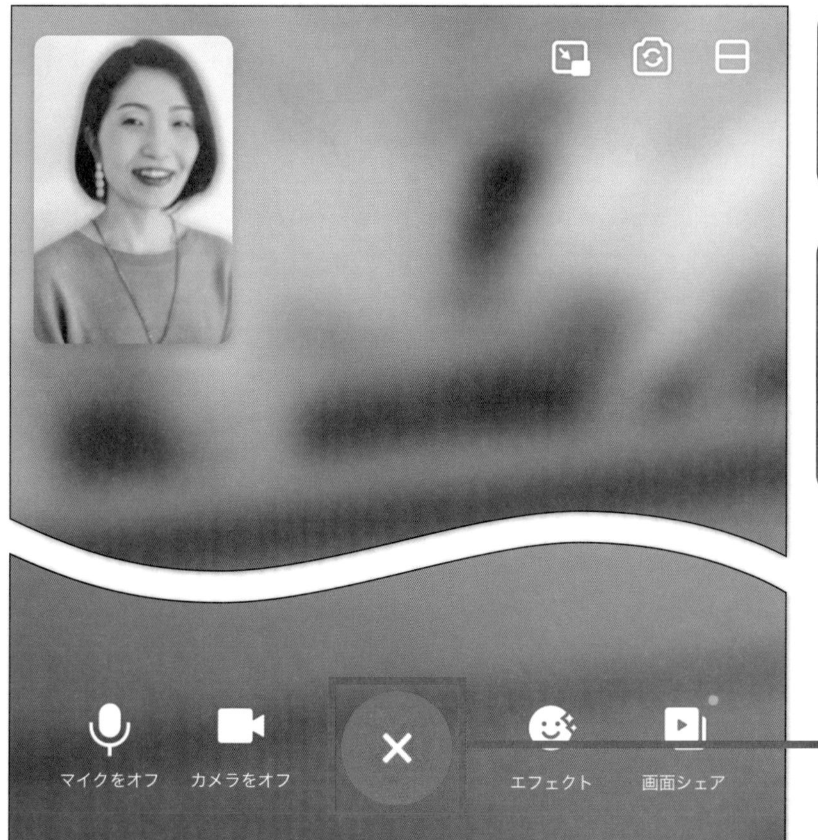

3 ビデオ通話が始まります

4 通話を終了する場合は 終話 ×をタップします

おわり

第4章

グループトークを楽しもう

LINEは1対1のトークの他に、複数人でグループを作り、その中でトークすることもできます。連絡事項や近況報告など複数のメンバーで共有することができるので、とても便利です。この章ではグループの作成方法や活用方法を学びましょう。

この章でできるようになること

グループの作成方法がわかります！ →98～101ページ

グループの作り方、メンバーを追加する方法を確認できます

グループに参加する方法がわかります！ →102～105ページ

招待されたグループに参加する方法など確認しましょう

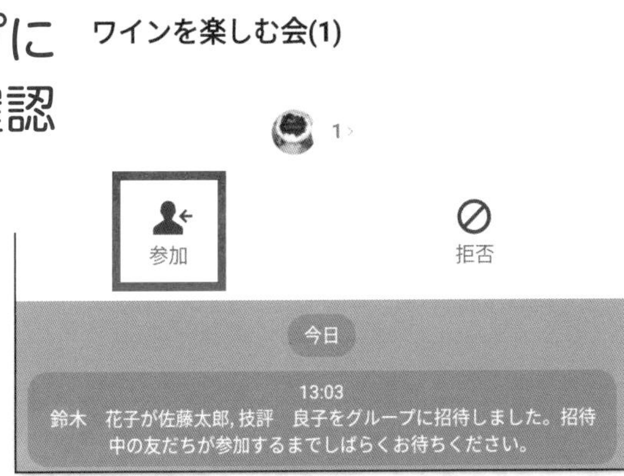

「ノート」や「アルバム」の使い方がわかります！ →108～115ページ

共有する連絡事項や写真などをトークルームに保存する方法を学びましょう

Section 19

グループを作成しよう

共通の趣味やサークルなど、複数の人で連絡を取り合うときはグループを作成すると便利です。メッセージや写真などをグループで共有できます。メンバーは友だちリストの中から招待します。

グループを作成しよう

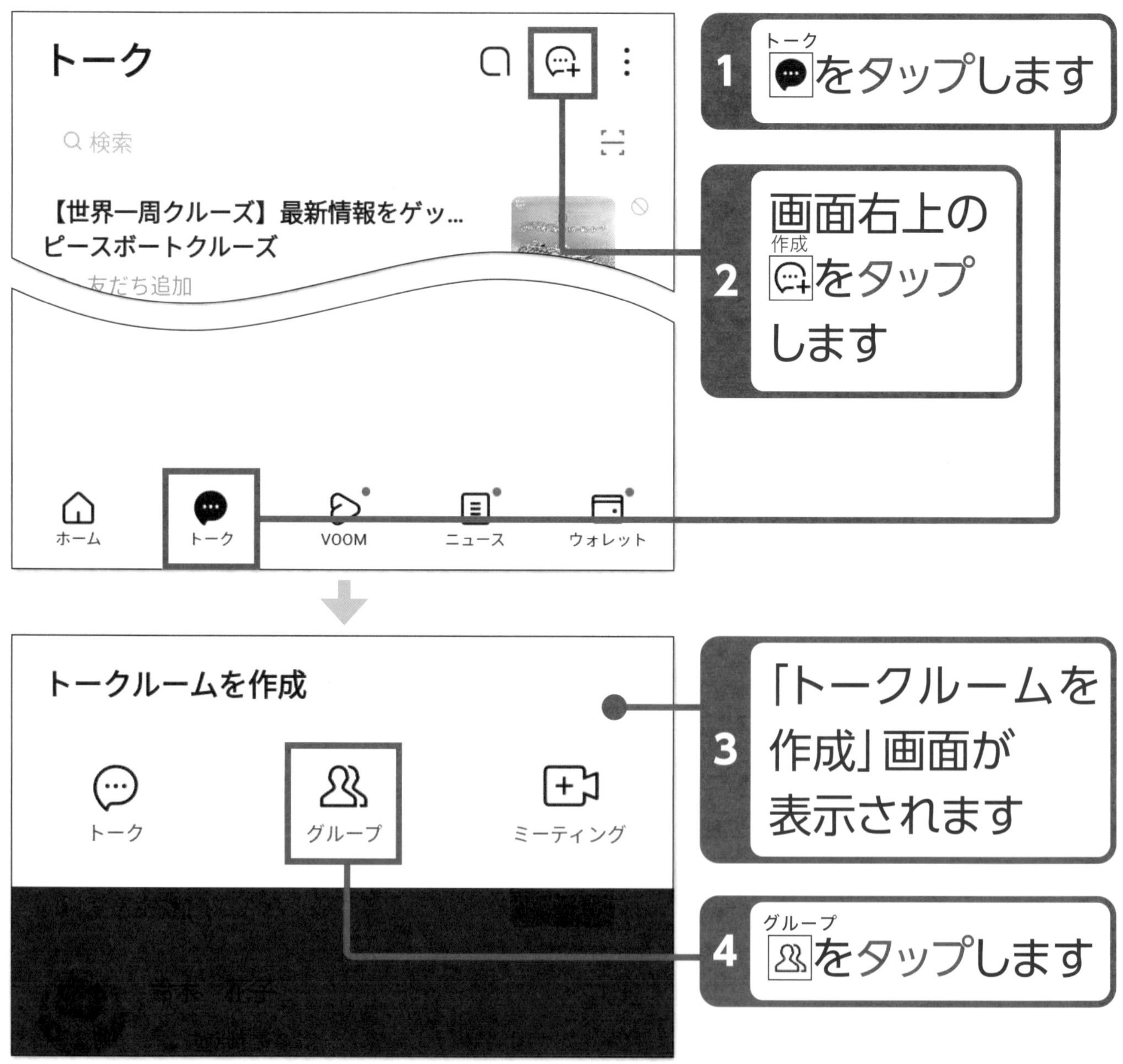

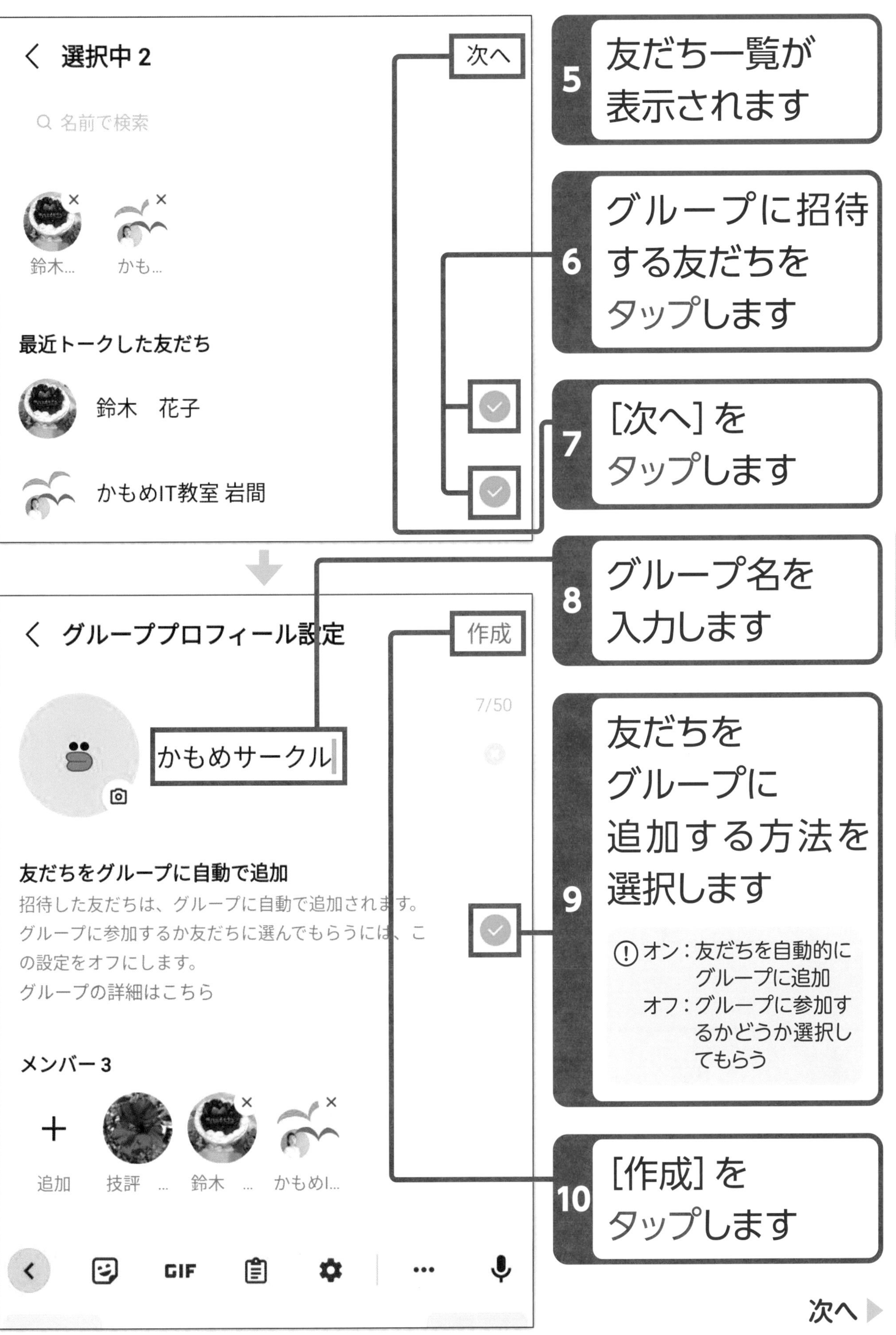

選択中 2
次へ
名前で検索
鈴木...
かも...
最近トークした友だち
鈴木　花子
かもめIT教室 岩間
グループプロフィール設定
作成
7/50
かもめサークル
友だちをグループに自動で追加
招待した友だちは、グループに自動で追加されます。
グループに参加するか友だちに選んでもらうには、この設定をオフにします。
グループの詳細はこちら
メンバー 3
追加
技評 ...
鈴木 ...
かもめI...
GIF
5 友だち一覧が表示されます
6 グループに招待する友だちをタップします
7 [次へ] をタップします
8 グループ名を入力します
9 友だちをグループに追加する方法を選択します
オン：友だちを自動的にグループに追加
オフ：グループに参加するかどうか選択してもらう
10 [作成] をタップします

次へ ▶

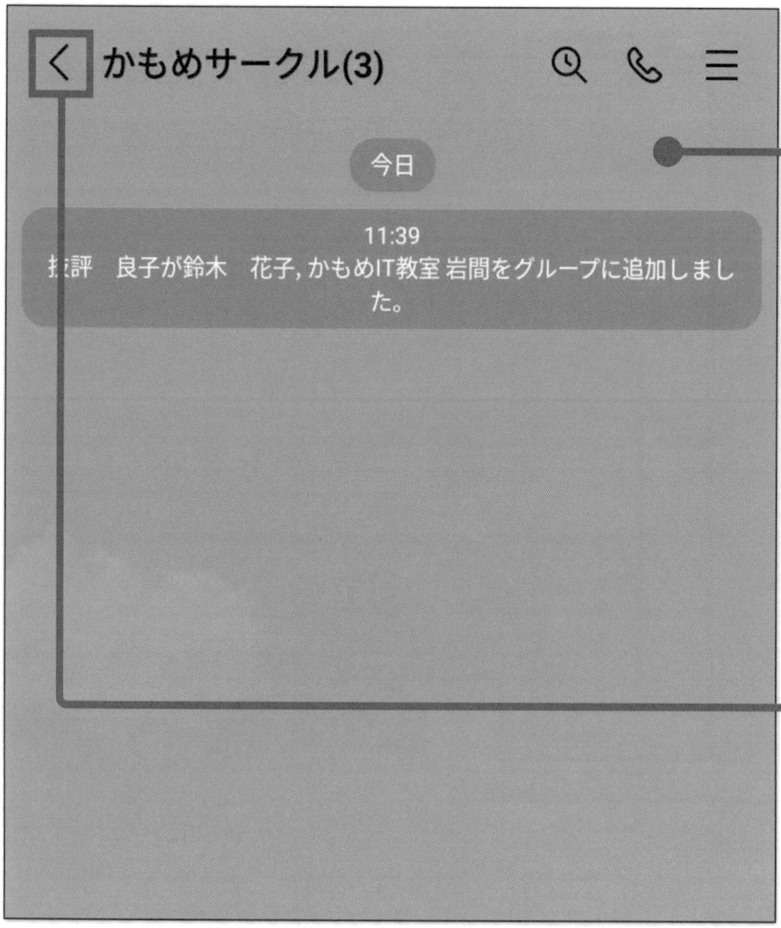

かもめサークル(3)

今日

11:39
抜評　良子が鈴木　花子, かもめIT教室 岩間をグループに追加しました。

11 グループが作成できました

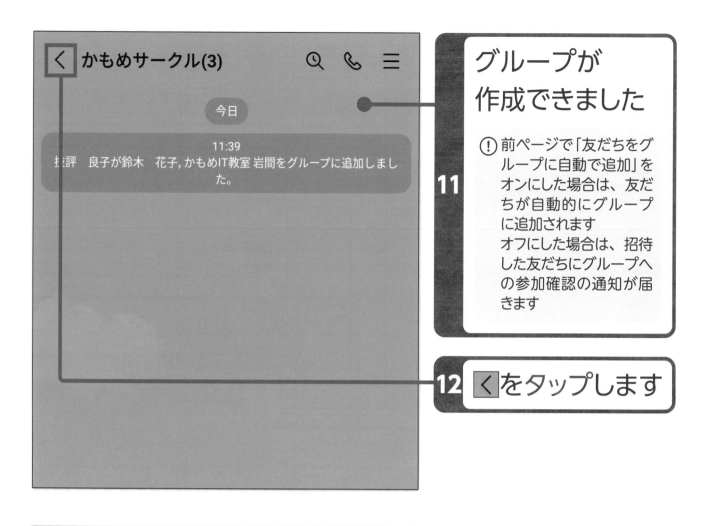

前ページで「友だちをグループに自動で追加」をオンにした場合は、友だちが自動的にグループに追加されます
オフにした場合は、招待した友だちにグループへの参加確認の通知が届きます

12 ＜をタップします

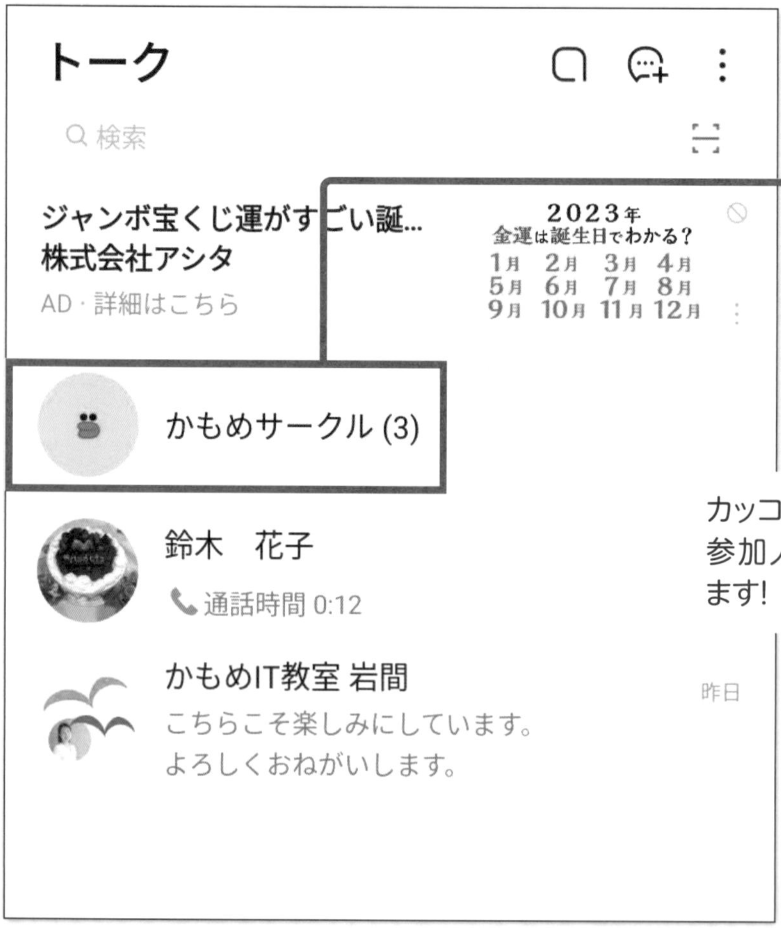

トーク

検索

ジャンボ宝くじ運がすごい誕...
株式会社アシタ
AD・詳細はこちら

2023年
金運は誕生日でわかる？
1月 2月 3月 4月
5月 6月 7月 8月
9月 10月 11月 12月

かもめサークル (3)

鈴木　花子
通話時間 0:12

かもめIT教室 岩間
こちらこそ楽しみにしています。
よろしくおねがいします。
昨日

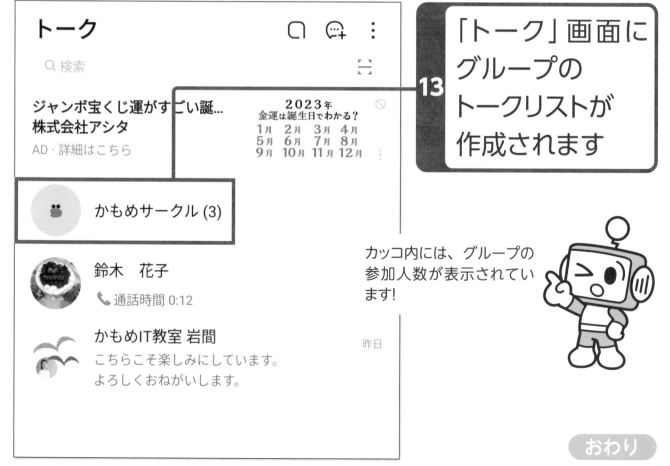

13 「トーク」画面にグループのトークリストが作成されます

カッコ内には、グループの参加人数が表示されています!

おわり

Column　グループ名を変更したい場合は?

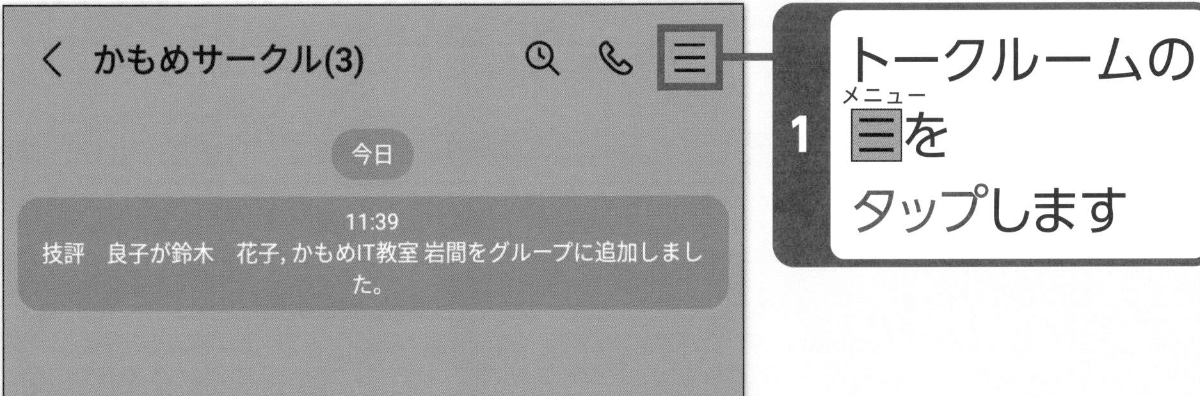

1 トークルームの☰(メニュー)をタップします

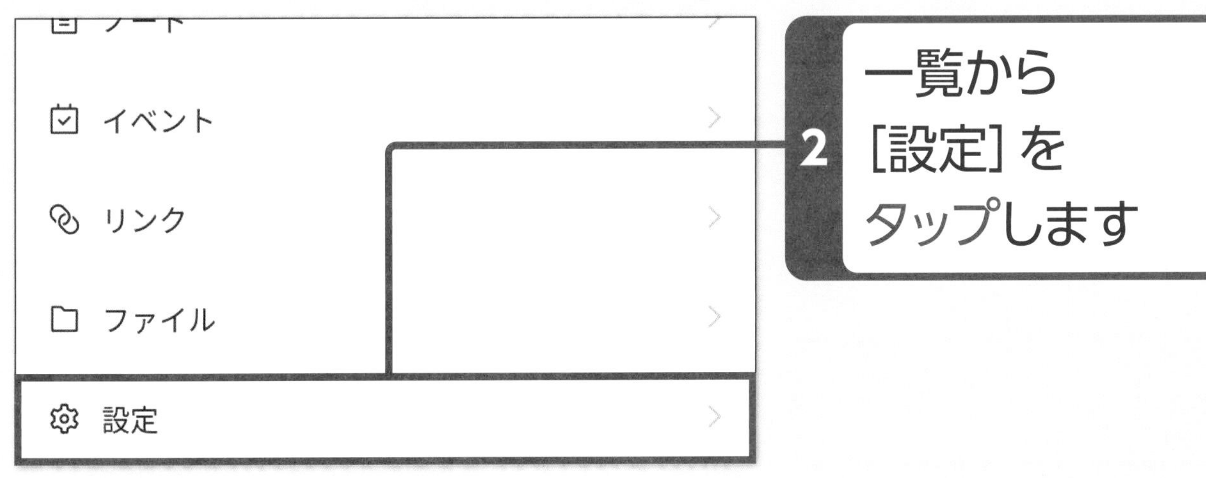

2 一覧から[設定]をタップします

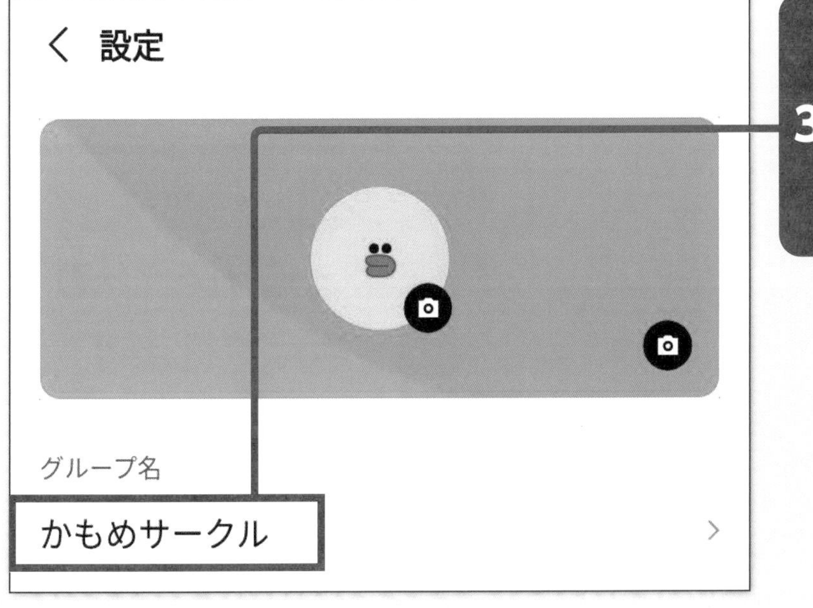

3 グループ名をタップして名前を変更します

4章 グループトークを楽しもう

Section 20

グループに参加しよう

グループに招待されると、そのグループの設定によって、自動的にグループに追加される場合と、グループに参加するかどうか選択が必要な場合があります。

自動的に参加したグループを確認しよう

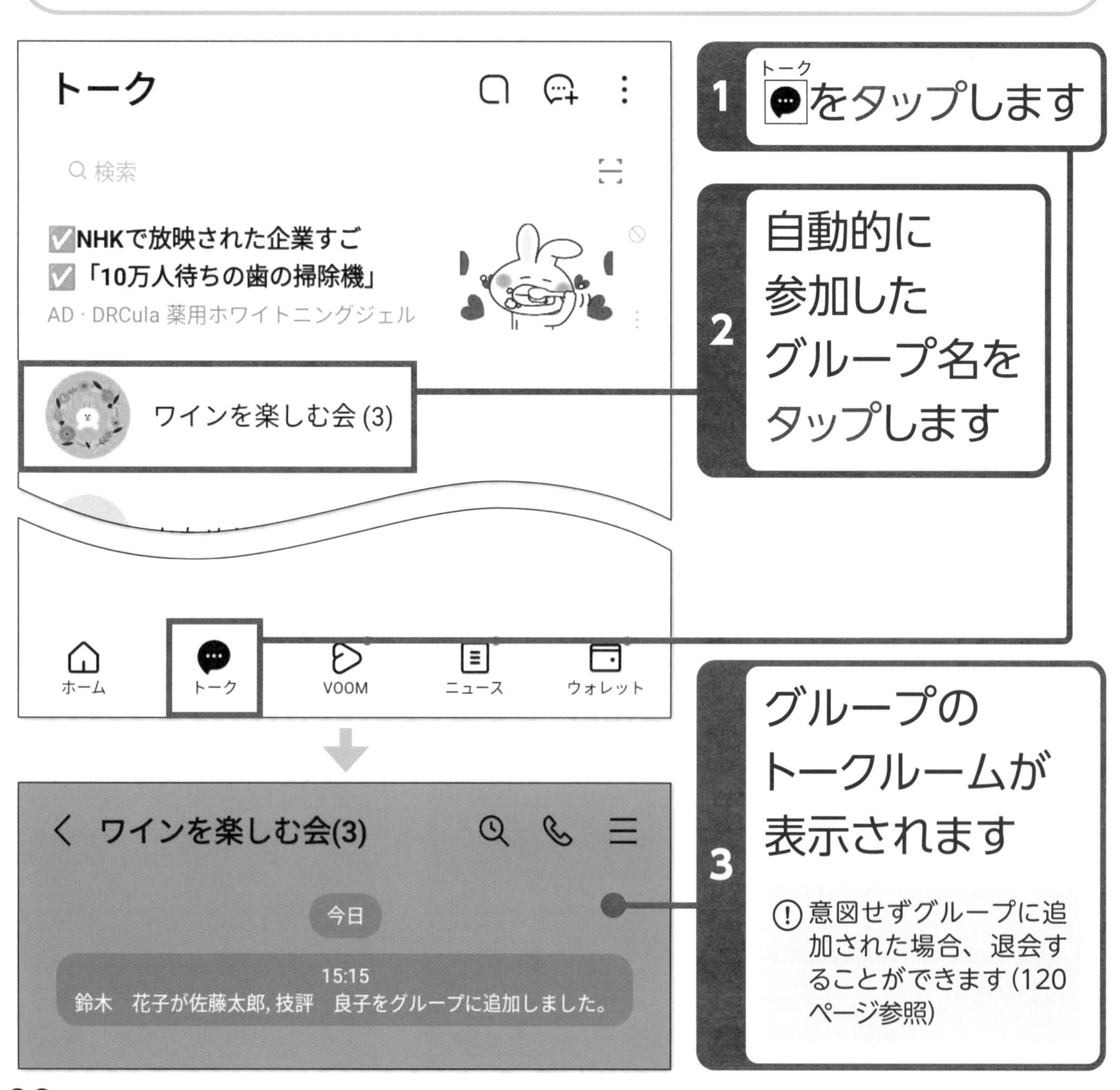

トーク
検索
NHKで放映された企業すご
「10万人待ちの歯の掃除機」
AD・DRCula 薬用ホワイトニングジェル
ワインを楽しむ会 (3)
ホーム
トーク
VOOM
ニュース
ウォレット
ワインを楽しむ会(3)
今日
15:15
鈴木　花子が佐藤太郎, 技評　良子をグループに追加しました。
1 トークをタップします
2 自動的に参加したグループ名をタップします
3 グループのトークルームが表示されます
意図せずグループに追加された場合、退会することができます(120ページ参照)

招待されているグループに参加しよう

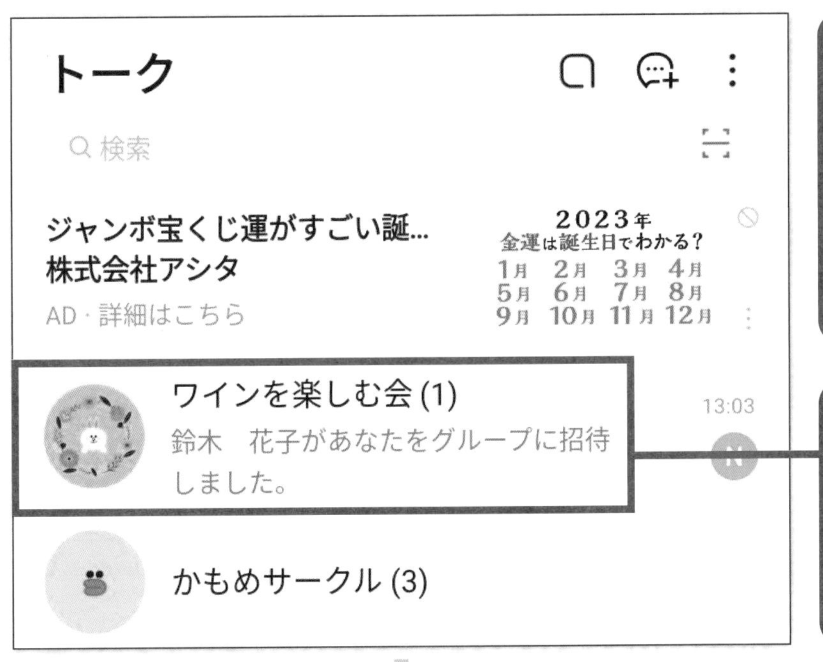

1 「トーク」画面を表示します

ⓘ 102ページを参照してください

2 招待されているグループ名をタップします

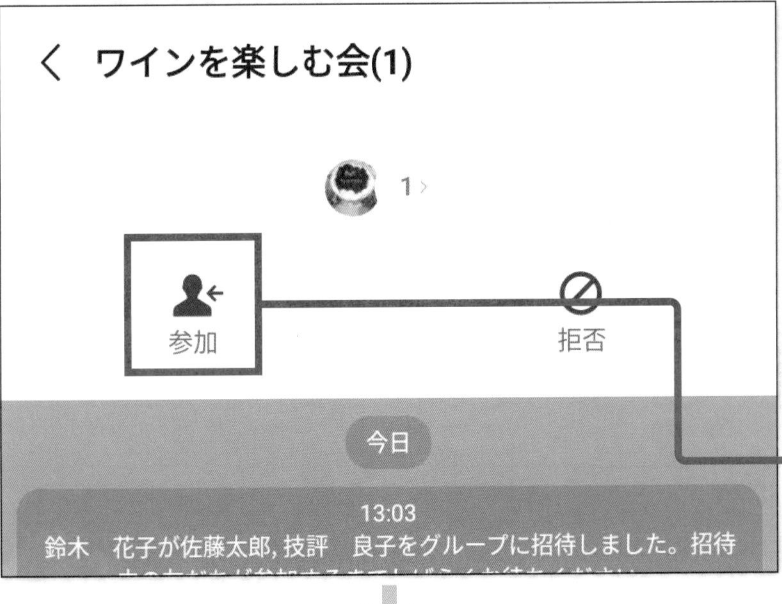

3 グループへの参加確認画面が開きます

4 参加 をタップします

ⓘ 参加しない場合は［拒否］をタップします

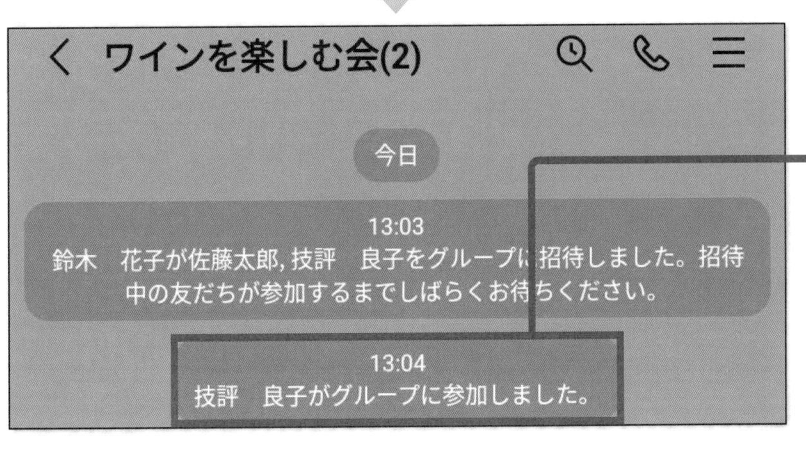

5 グループへの参加が完了しました

おわり

4章 グループトークを楽しもう

Section 21

後からグループに招待しよう

新たにグループに追加したい友だちができた場合、招待してメンバーに追加することができます。招待はグループに参加しているメンバーであれば誰でもできます。

友だちをグループに追加しよう

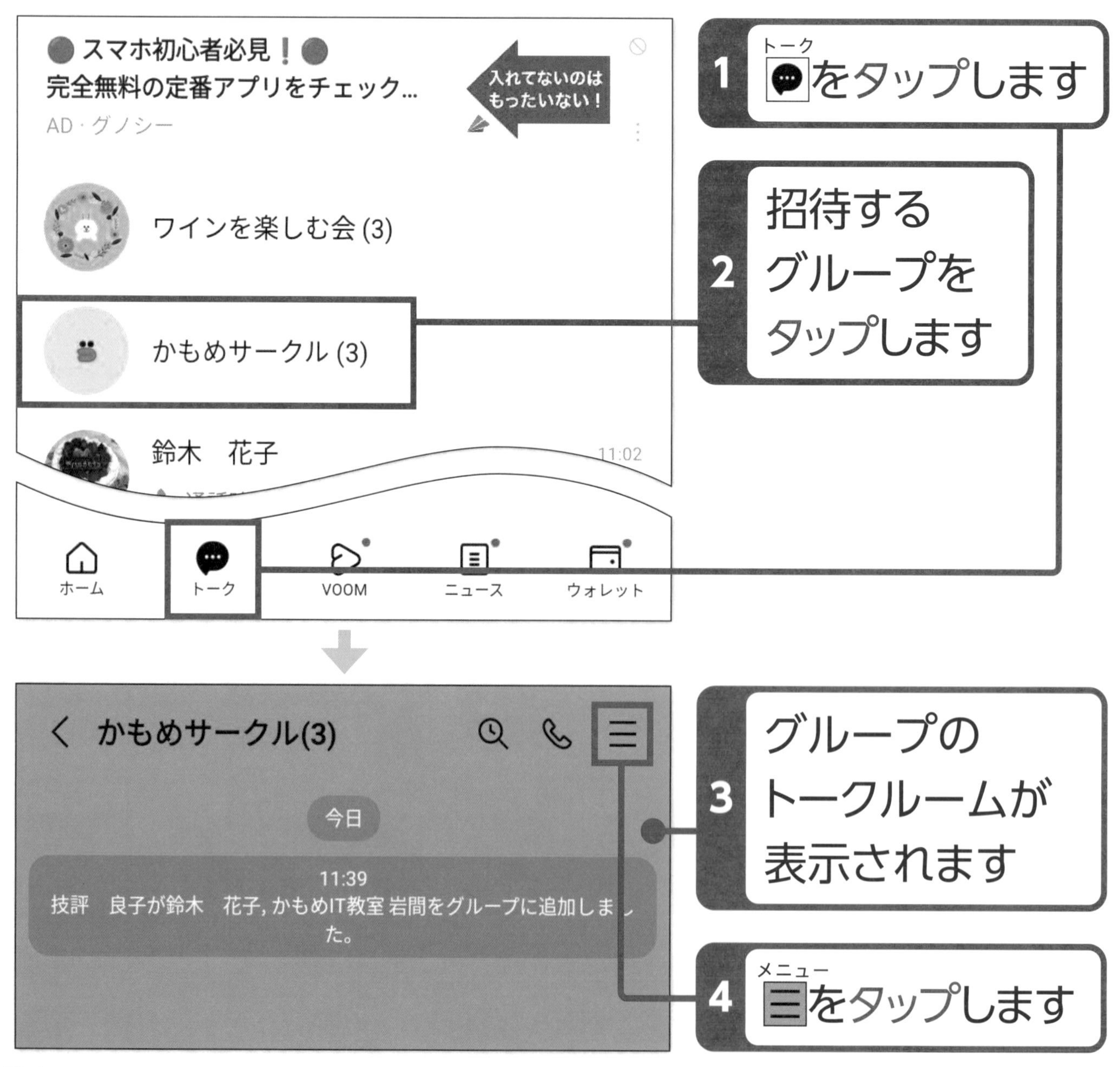
スマホ初心者必見！
完全無料の定番アプリをチェック...
AD・グノシー
入れてないのはもったいない！
ワインを楽しむ会 (3)
かもめサークル (3)
鈴木　花子
11:02
ホーム
トーク
VOOM
ニュース
ウォレット
1 トークをタップします
2 招待するグループをタップします
かもめサークル(3)
今日
11:39
技評　良子が鈴木　花子, かもめIT教室 岩間をグループに追加しました。
3 グループのトークルームが表示されます
4 メニューをタップします

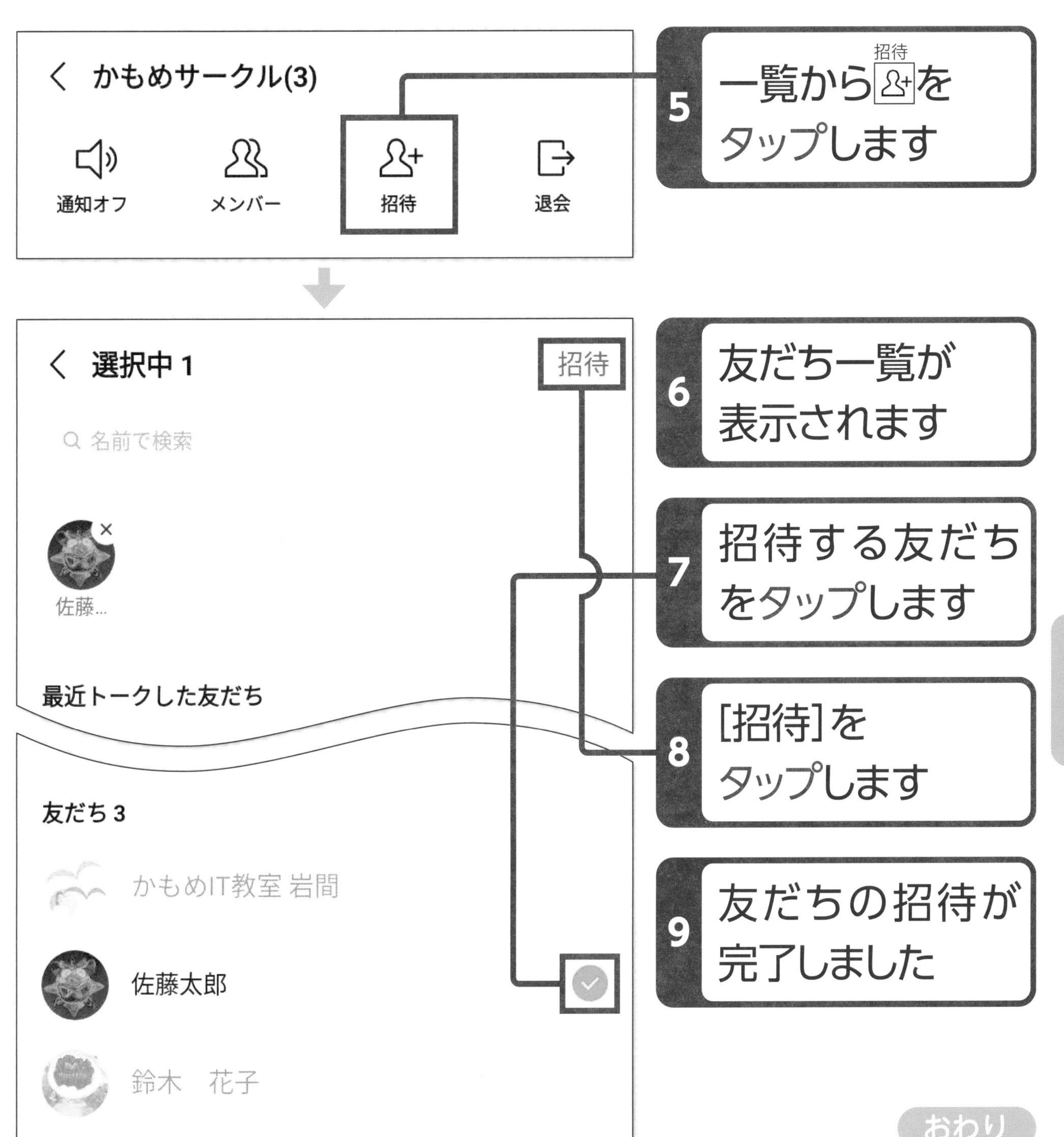

Column グループへ招待できるのはグループを作成した人だけ?

グループへの追加招待は、グループのメンバーであれば誰でも自分の友だちを招待することができます。つまり、ほかのメンバーが招待した、自分の友だちリストにのっていない人とでも、グループ内ではトークすることができます。

Section 22

グループにメッセージを送信しよう

グループ内でメッセージを送信すると、グループに参加しているメンバー全員でメッセージを共有できます。メッセージを送受信する方法は1対1のトークと同じです。

グループにメッセージを送信しよう

ワインを楽しむ会 (3)
かもめサークル (4)
鈴木　花子　11:02
通話時間 0:12
かもめIT教室
ホーム　トーク　VOOM　ニュース　ウォレット

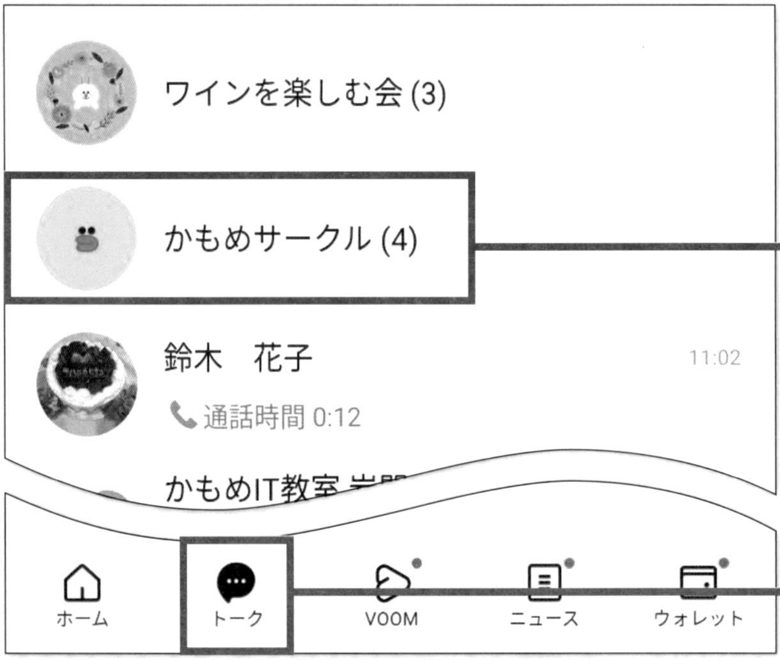

1 トーク をタップします

2 メッセージを送るグループ名をタップします

3 グループのトークルームが表示されます

4 メッセージ入力欄をタップします

5 メッセージを入力します

6 送信 をタップします

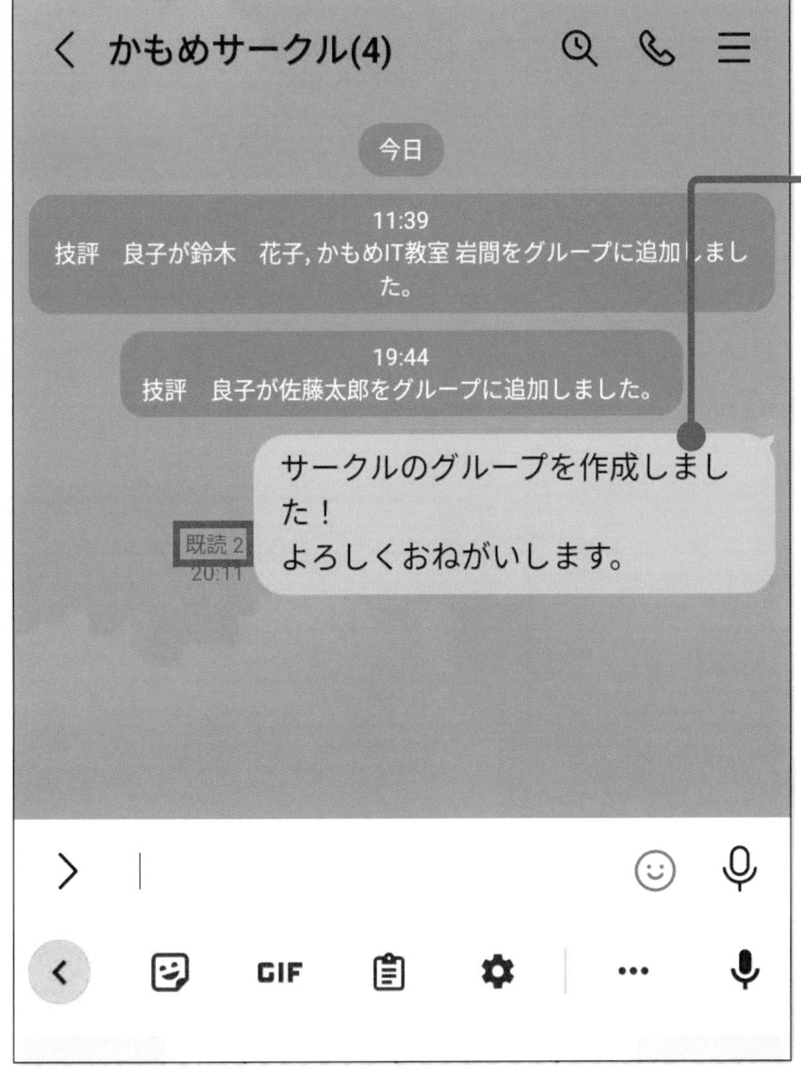

かもめサークル(4)
今日
11:39
技評　良子が鈴木　花子, かもめIT教室 岩間をグループに追加しました。
19:44
技評　良子が佐藤太郎をグループに追加しました。
サークルのグループを作成しました！
よろしくおねがいします。
既読 2
20:11
GIF

7 メッセージが送信されます

スタンプや写真も1対1の時と同じ方法で送信できます（67ページ参照）

「既読」の横にはメッセージを確認したメンバーの数が表示されます！

おわり

Section 23

グループでノートを使ってみよう

「ノート」とは、常に閲覧できる掲示板のようなものです。固定された場所に保存されるので、いつでも見返すことができます。大事なお知らせは「ノート」に記載しておくと便利です。

ノートを作成しよう

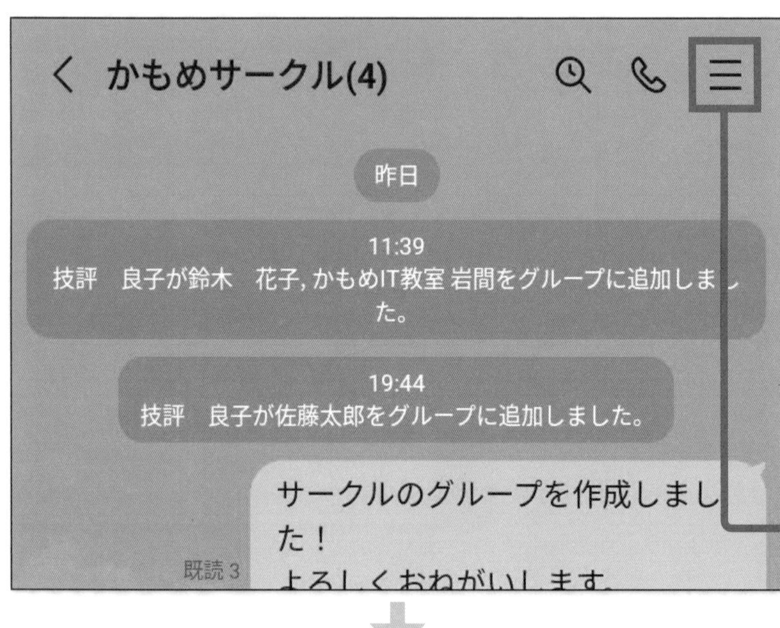

1 グループのトークルームを表示します

102ページを参照してください

2 ☰（メニュー）をタップします

ノート
イベント
リンク
ファイル
その他

3 一覧から［ノート］をタップします

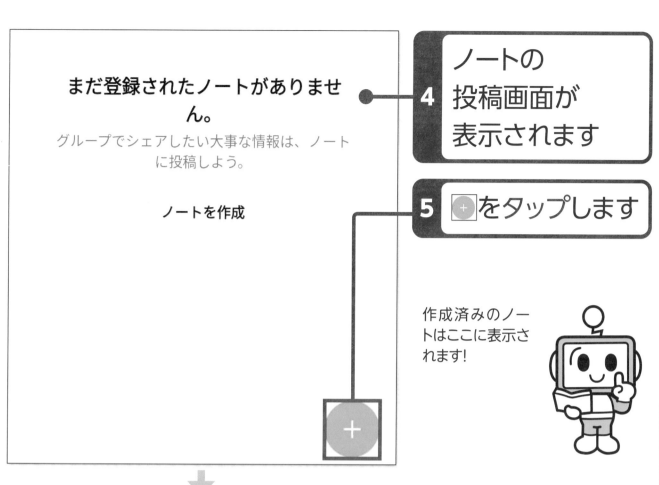

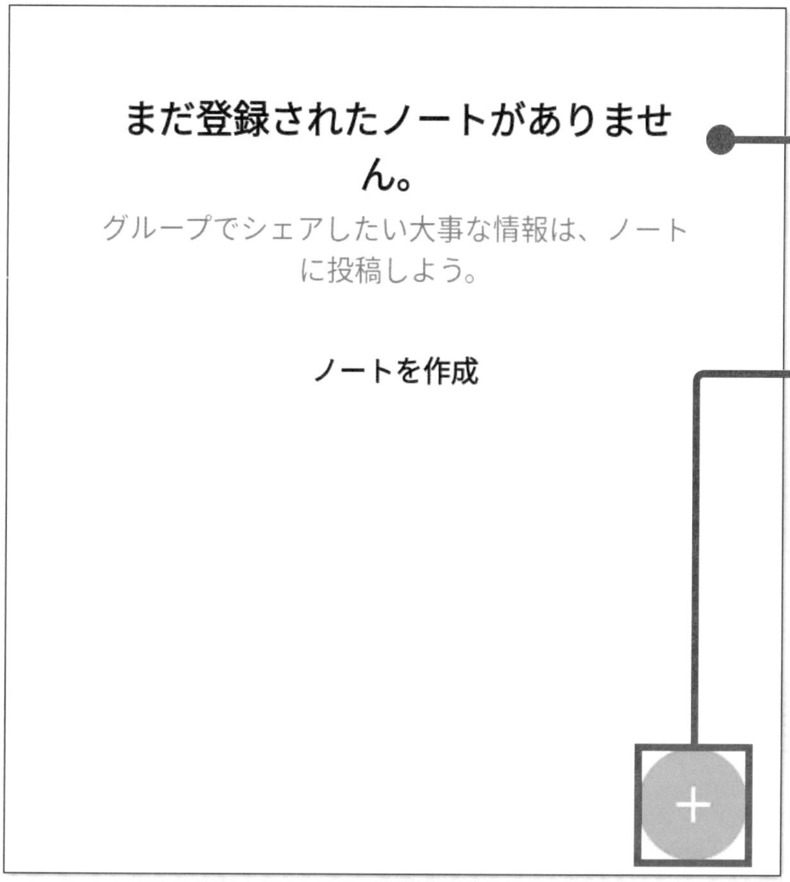

まだ登録されたノートがありません。

グループでシェアしたい大事な情報は、ノートに投稿しよう。

ノートを作成

+

4 ノートの投稿画面が表示されます

5 ＋をタップします

作成済みのノートはここに表示されます!

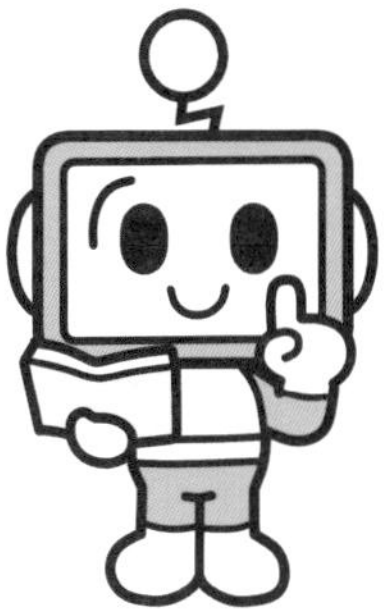

6 [投稿]をタップします

7 [今なにしてる?]をタップします

次へ ▶

× かもめサークル　投稿

5月の活動予定
5/8 10時～12時
ランチ会
5/22 12時30分～　参加費1000円

8 ノートに表示する内容を入力します

9 [投稿] をタップします

1対1のトークでも同じように「ノート」を使用できます

< かもめサークル

アルバム　ノート

テキスト、@投稿者、#ハッシュタグ

技評　良子

5月の活動予定
5/8 10時～12時
ランチ会
5/22 12時30分～　参加費1000円

たった今

10 ノートにメッセージが投稿されました

ノートを投稿したというメッセージがトークルームに表示されます

⋮からノートの編集や削除ができます!

おわり

Column 「ノート」と「トーク」の違い

グループに途中から参加した人は、参加する前のトークの内容を確認することができません。それに対して、ノートの投稿は後から参加した人でも確認することができます。

Column 「ノート」を見るには

投稿されたノートを見るには、2つの方法があります。

●トークルームのメッセージから表示する

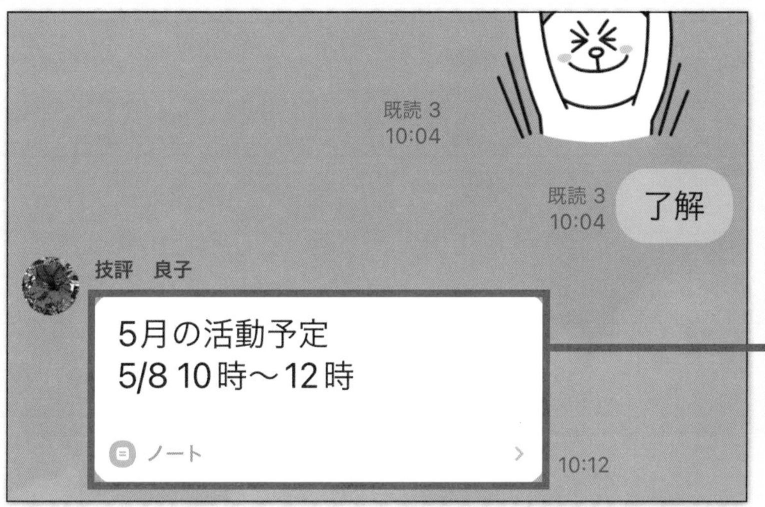

1 トークルームに表示されているノートのメッセージをタップして表示します

●「メニュー」から表示する

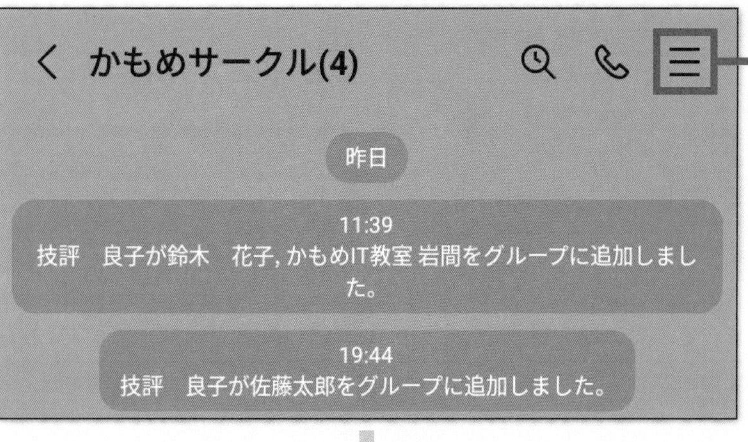

1 トークルームの ☰（メニュー）を タップします

ノート
イベント
リンク
ファイル

2 一覧から［ノート］をタップしてノートを表示します

Section 24

グループでアルバムを使ってみよう

「アルバム」には、写真を共有して保存しておくことができます。たとえば、写真をイベントごとに複数枚まとめて共有したい場合は、アルバムを作成すると便利です。

アルバムを作成しよう

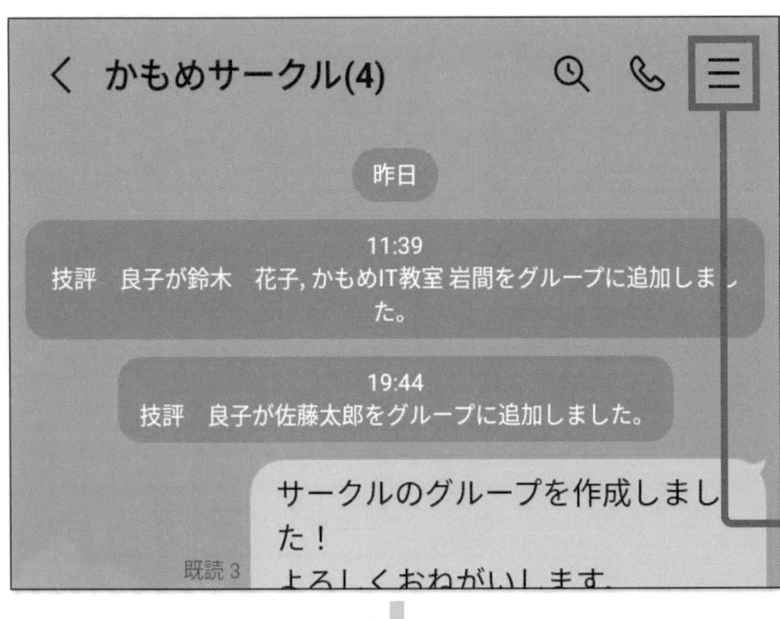

かもめサークル(4)
昨日
11:39
技評　良子が鈴木　花子, かもめIT教室 岩間をグループに追加しました。
19:44
技評　良子が佐藤太郎をグループに追加しました。
サークルのグループを作成しました！
既読 3

1 グループのトークルームを表示します

102ページを参照してください

2 ☰(メニュー)をタップします

アルバム

大切な写真はアルバムを作成してシェアしよう。

アルバム作成

ノート

イベント

3 一覧から[アルバム]をタップします

アルバムはありません
大切な写真はアルバムを作成してシェアしよう。

アルバムを作成

4 アルバム画面が表示されます

すでに作成済みのアルバムはこの画面に表示されます!

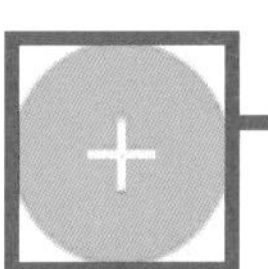

5 [+]をタップします

6 スマートフォンに保存されている写真が表示されます

7 追加する写真の右上の◯をタップします

ⓘ 複数枚の写真を選択できます

8 [次へ]をタップします

次へ ▶

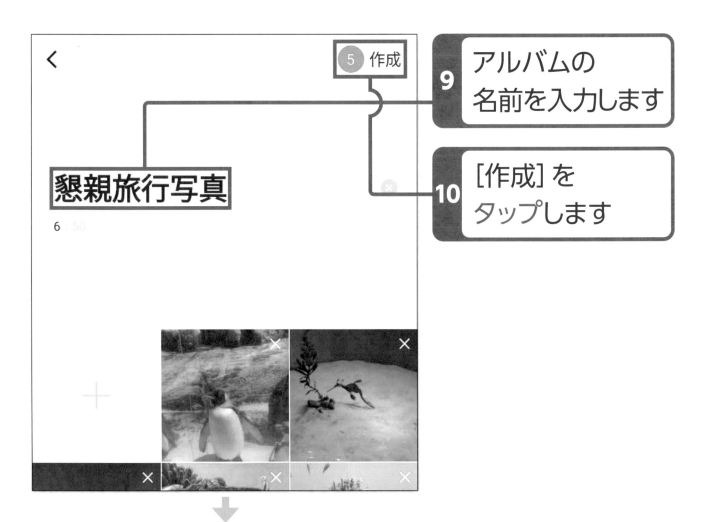

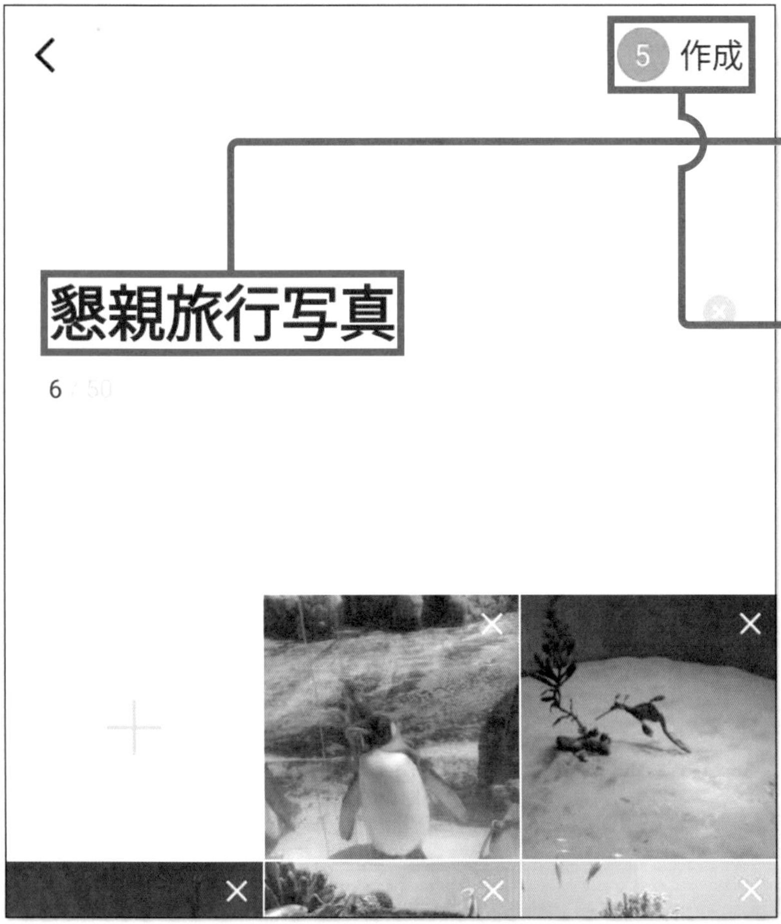

9 アルバムの名前を入力します

10 [作成] をタップします

懇親旅行写真

6 / 50

5 作成

11 アルバムが作成されました

アルバムを作成したというメッセージがトークルームに表示されます!

おわり

Column アルバムに写真を追加するには

グループのメンバーであれば、作成済のアルバムに誰でも写真を追加することができます。

1 トークルームに表示されているアルバムをタップします

2 アルバムが表示されます

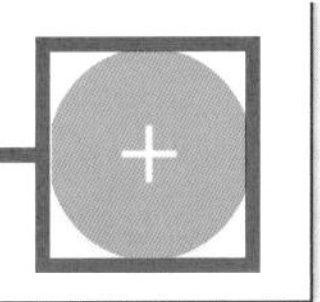

3 ＋をタップしてアルバムに写真を追加します

113ページを参照してください

メニューボタンから写真をダウンロード（保存）することができます！

4章 グループトークを楽しもう

Section 25

グループで通話を楽しもう

LINEで利用できる音声通話やビデオ通話は、1対1だけでなく、複数人のグループでも利用することができます。家族や友人などのグループで同時に会話を楽しむことができます。

グループ通話をはじめよう

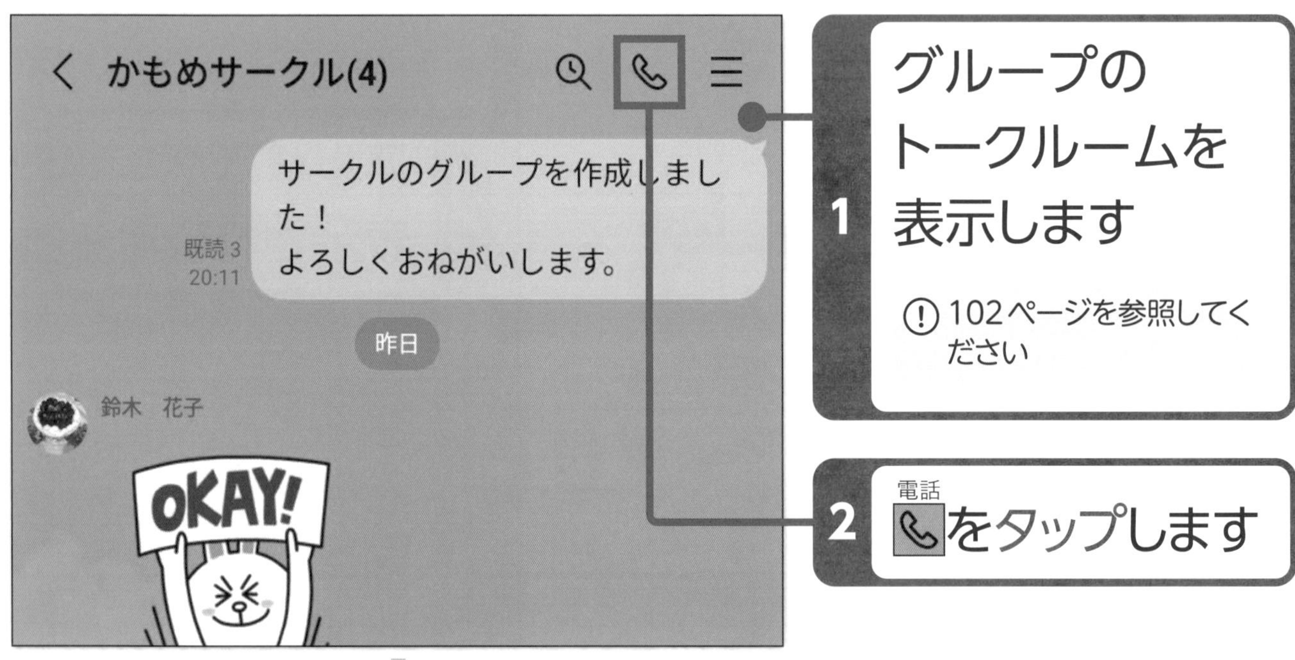

1 グループのトークルームを表示します

① 102ページを参照してください

2 電話 をタップします

3 音声通話 をタップします

① ビデオ通話の場合は、[ビデオ通話]をタップします

4 グループのメンバーに、通話開始のメッセージが送られます

グループのメンバーが参加するのを待ちましょう

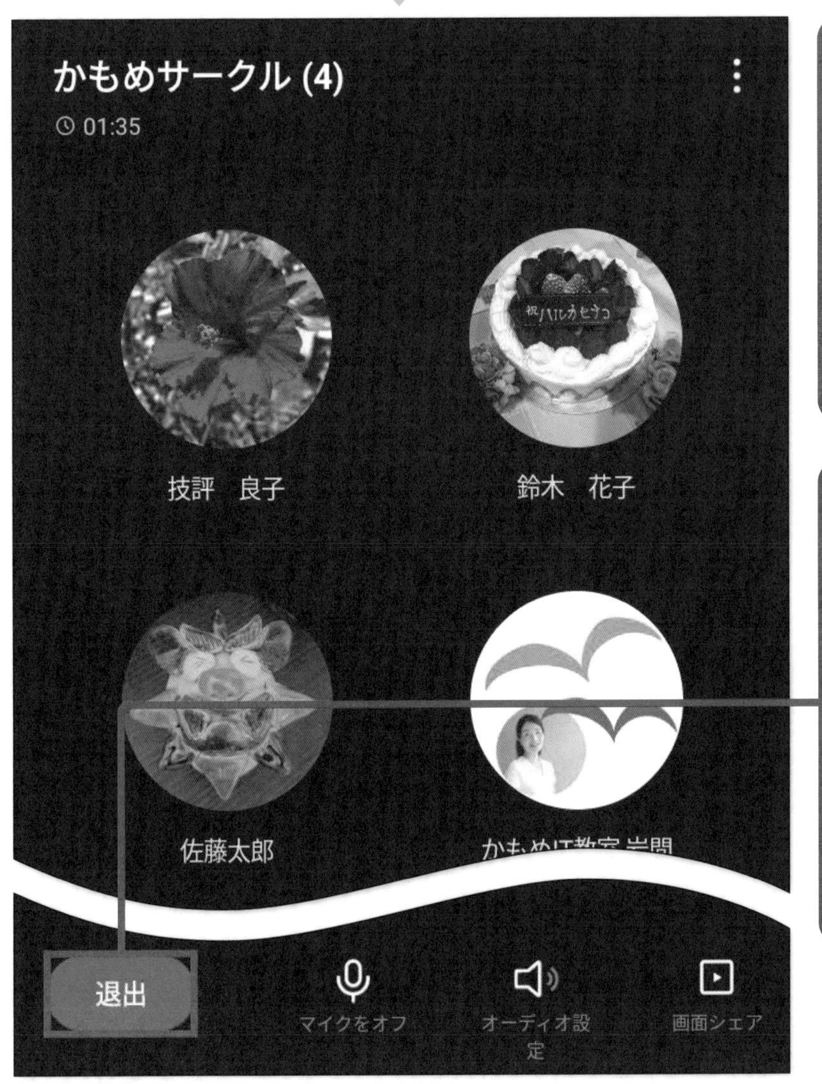

5 メンバーが参加すると通話が始まります

メンバーは途中からでも通話に参加できます

6 [退出] をタップすると通話が終了します

全員が退出するとトークルームに「グループ通話が終了しました」と表示されます

次へ

グループ通話に参加しよう

1 グループ通話の着信があると、トークルームにメッセージが表示されます

2 [参加] をタップします

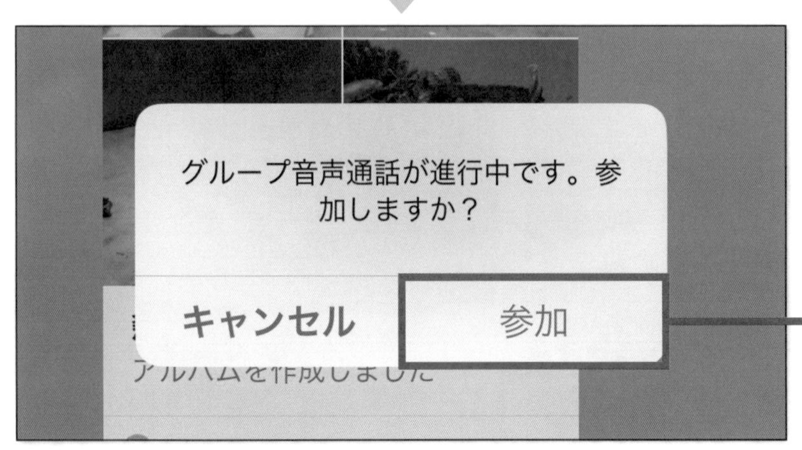

3 確認メッセージが表示されます

4 [参加] をタップします

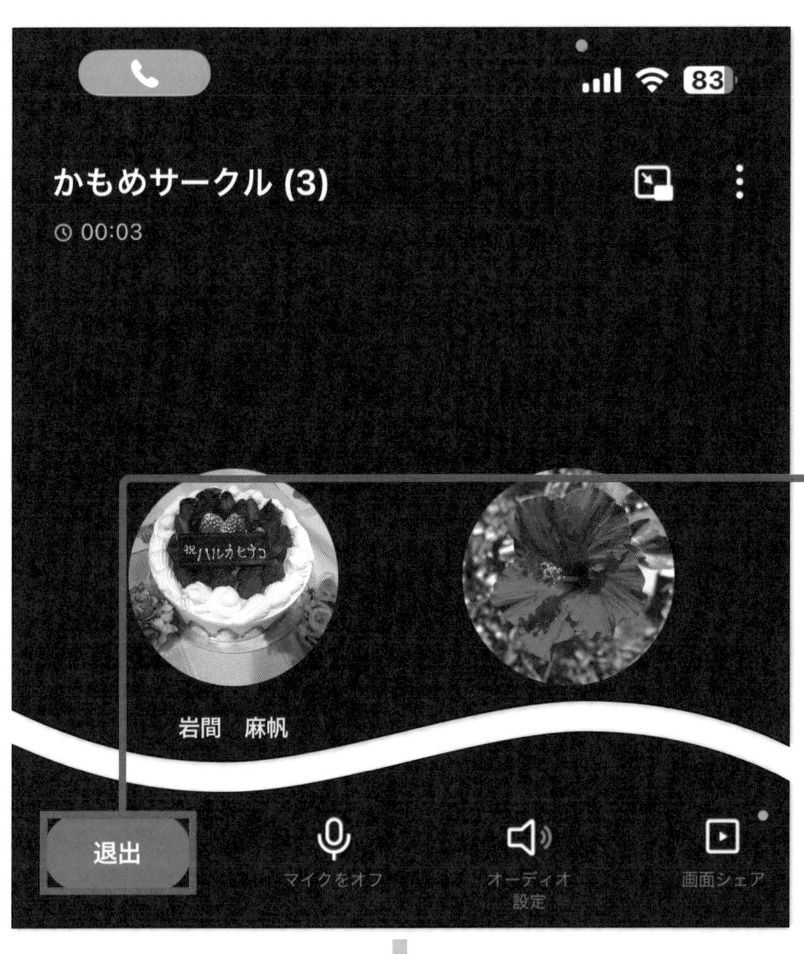

5 グループ通話に参加できました

6 [退出]をタップすると通話から退出できます

通話を終了するには、メンバーがそれぞれ[退出]をタップします

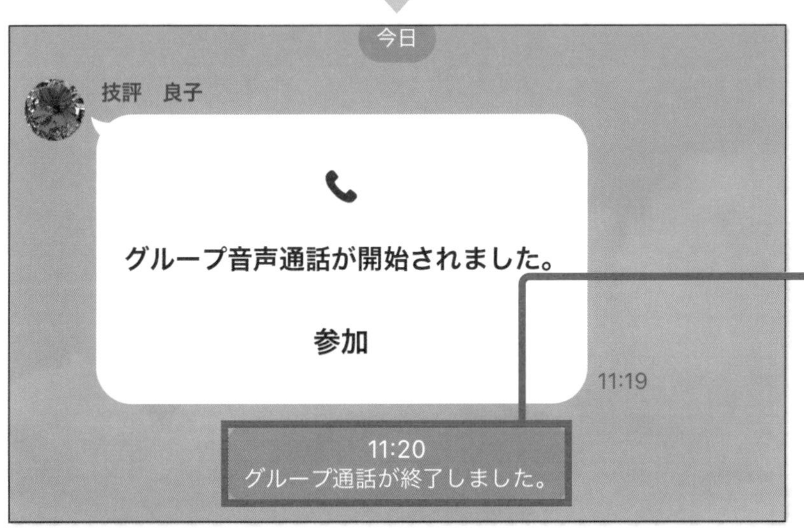

7 全員が退出するとトークルームに「グループ通話が終了しました」と表示されます

おわり

Column グループ通話の着信について

グループ通話は、着信音が鳴らないため、着信に気づきにくい場合があります。あらかじめ日時などを決めて利用するのがおすすめです。

Section 26

グループを退会しよう

LINEのグループからは、自由に退会することができます。退会するとグループのトークリストが削除され、グループのメッセージなどは見ることができなくなります。

グループを退会しよう

1 退会するグループのトークルームを表示します

102ページを参照してください

2 ☰（メニュー）をタップします

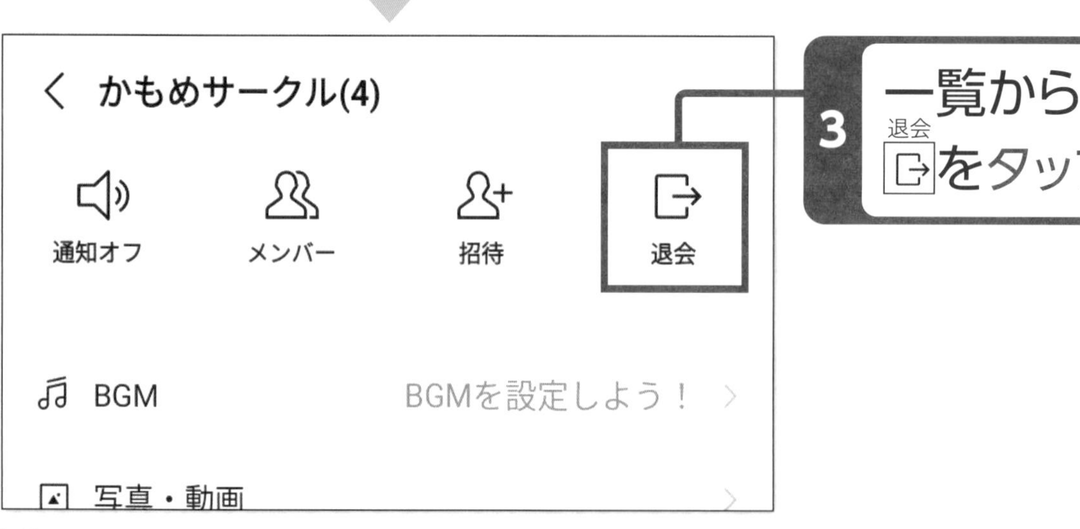

3 一覧から（退会）をタップします

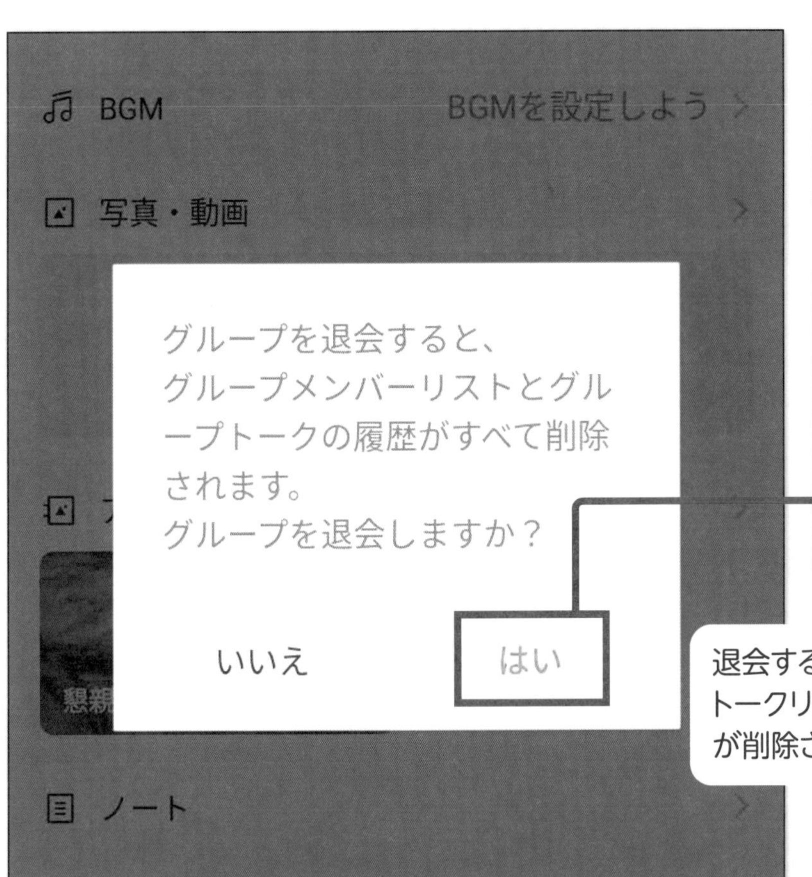
BGM
BGMを設定しよう
写真・動画
グループを退会すると、
グループメンバーリストとグループトークの履歴がすべて削除されます。
グループを退会しますか？
いいえ
はい
ノート
イベント

4 確認メッセージが表示されます

5 [はい] をタップします

ⓘ iPhoneでは [退会] をタップします

退会すると、友だちリスト、トークリストからグループが削除されます!

おわり

Column 退会のお知らせ

メンバーが退会すると、グループのトークルームに「○○がグループを退会しました」というメッセージが表示されます。退会した本人は、トークルームが削除されているのでこのメッセージを確認することはできません。

既読 2
10:12
ノート
+2
懇親旅行写真
アルバムを作成しました
既読 2
11:50
アルバム
20:47
佐藤太郎がグループを退会しました。

第5章

公式アカウントを友だち登録しよう

LINEには個人で利用する他にも、自治体や企業などが運営しているアカウントがあり、「公式アカウント」とよばれています。よく利用するお店のお得な情報や、住んでいる地域の便利な情報などをLINEで取得する方法を確認しましょう。

この章でできるようになること

LINEの公式アカウントについてわかります！ ➔124～127ページ

公式アカウントの種類や受けることのできるサービスなどを確認しましょう

公式アカウントの友だち追加方法がわかります！ ➔128～131ページ

QRコードを読み込むか、アプリ内で検索することによって友だち追加できます

防災速報をLINEで取得する方法がわかります！ ➔132～137ページ

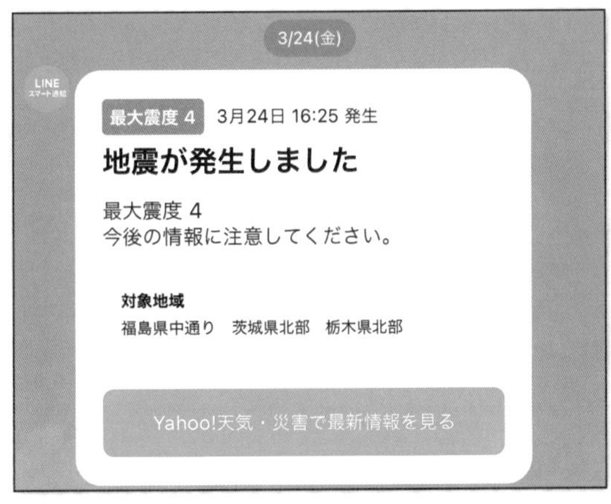

「スマート通知」を利用してLINEで防災速報を受信することができます

Section 27

公式アカウントとは

LINEでは、友だち同士でコミュニケーションを取る他にも、企業や自治体、お気に入りのお店などから、様々な情報を取得するために利用することができます。

公式アカウントって何?

企業や自治体、アーティストなどが運営している専用のLINEアカウントになります。公式アカウントを友だち追加することで、様々な情報やお得なクーポンなどを取得することができます。

登録している公式アカウントを確認しよう

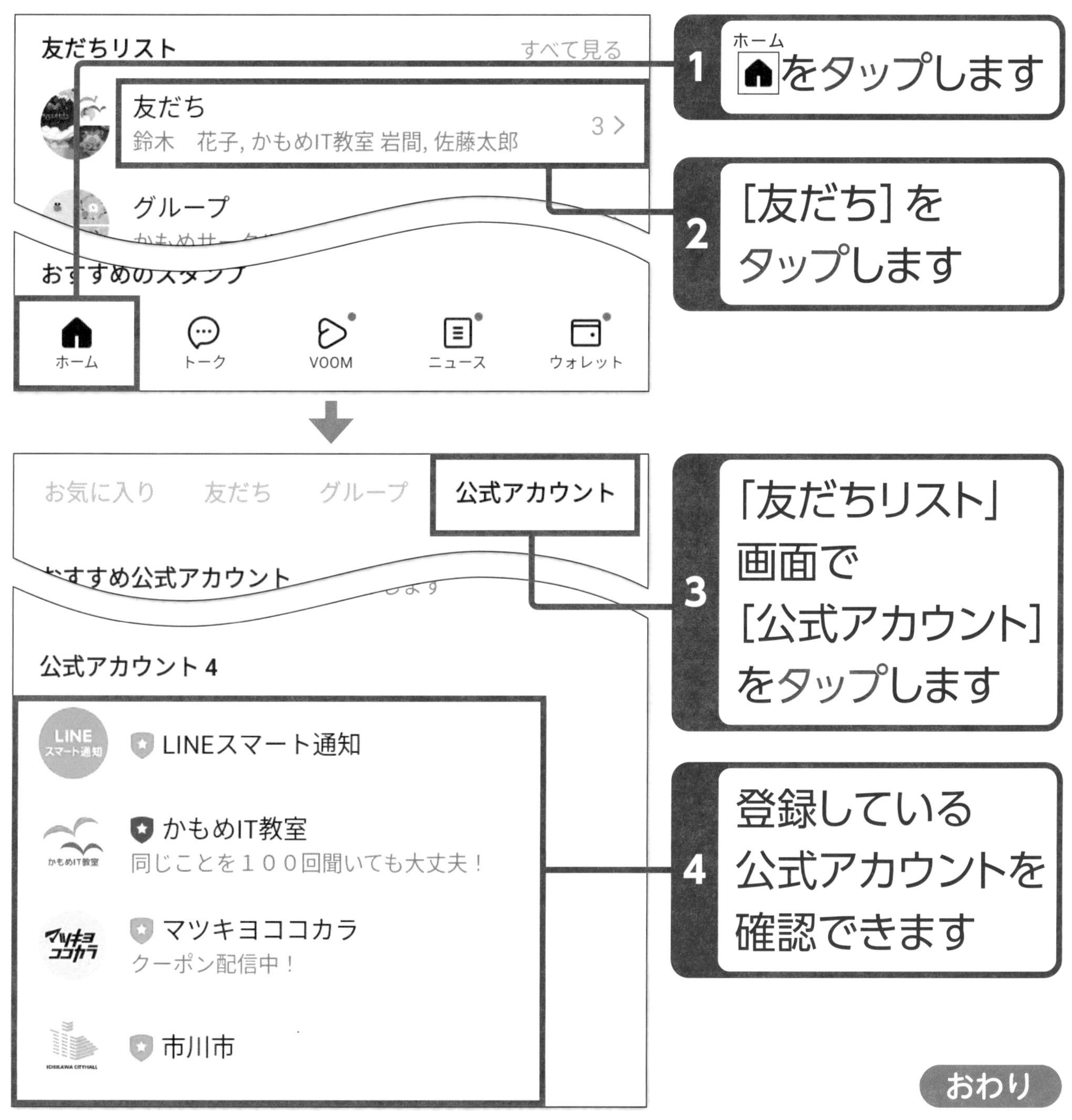

おわり

Column　公式アカウントからの配信を停止したいときは

配信される情報が必要無くなった時などは、ブロックすることでメッセージの受信を停止することができます（146ページを参照してください）。

Section 28

公式アカウントを確認しよう

LINEの公式アカウントは、企業や自治体によって発信している内容や、受けることができるサービスなどが異なります。自分の生活に役立つ公式アカウントを利用しましょう。

住んでいる地域の役立つ情報を取得しよう

自分の住んでいる自治体のアカウントを登録しておくと、地域の便利な情報などを取得できます（LINEを導入していない自治体もあります）

●自治体のアカウントの例

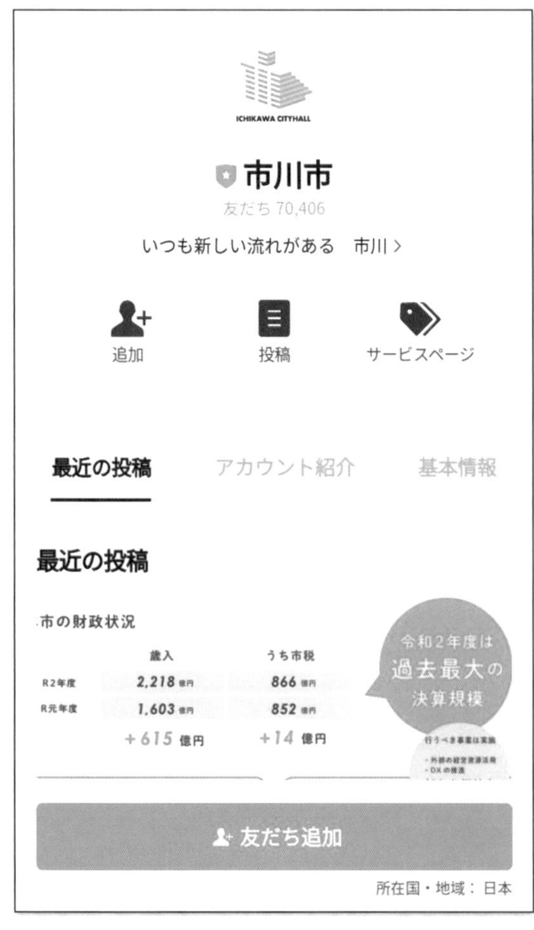

生活に便利なアカウントを利用しよう

便利な機能が利用できるアカウントを登録することで、宅急便の受け取り日時などを確認したり、電気やガスの使用量を確認できます。

●生活に便利なアカウントの例

お得な情報やクーポンを取得しよう

よく利用しているお店のアカウントを登録することで、お得なクーポンや、チラシなどの情報を取得できます。

●お店のアカウントの例

おわり

Section 29

公式アカウントを友だち追加しよう

LINEの公式アカウントを友だちに追加するには、公式アカウントのQRコードを読み取って追加する方法と、LINEアプリでアカウントを検索して追加する方法があります。

公式アカウントのQRコードで友だち追加しよう

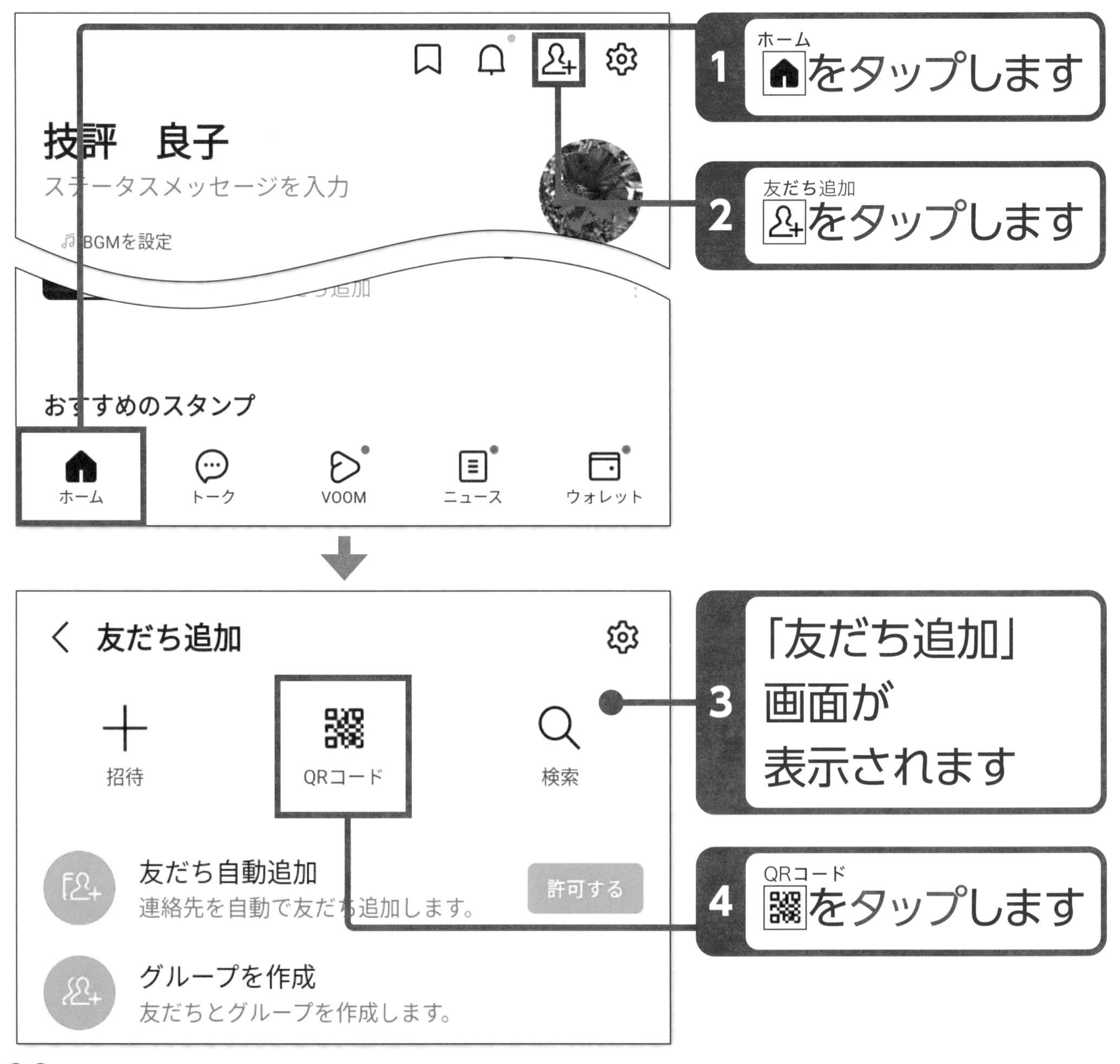

5 白い枠内にQRコードを合わせます

QRコードはチラシや店舗内などに表示されています

6 画面上に表示された「リンク」をタップします

7 公式アカウントの「プロフィール」画面が表示されます

8 追加 を タップして友だち追加します

次へ ▶

公式アカウントを検索して友だち追加しよう

技評　良子
ステータスメッセージを入力
BGMを設定
公式アカウント
ホーム
トーク
VOOM
ニュース
ウォレット
1 ホーム をタップします
2 検索ボックスをタップします
スマート通知
すべて
友だち
トーク
メッセージ
公式アカウント
LINEスマート通知
友だち 9,471,384・LINEサービス
スタンプ
絵文字
Cygames
ウマ娘 プリティーダービー 第１レース
100
講談社
進撃の巨人 使いやすいいい子のスタンプ
防災
する
！
します
。
方法
受信時
ください
3 サービス、自治体、お店などの名前を入力して検索します
ここでは「LINEスマート通知」を検索して追加します
4 検索結果から、登録する公式アカウントをタップします

LINE
スマート通知
LINEスマート通知
友だち 9,471,426
追加
投稿

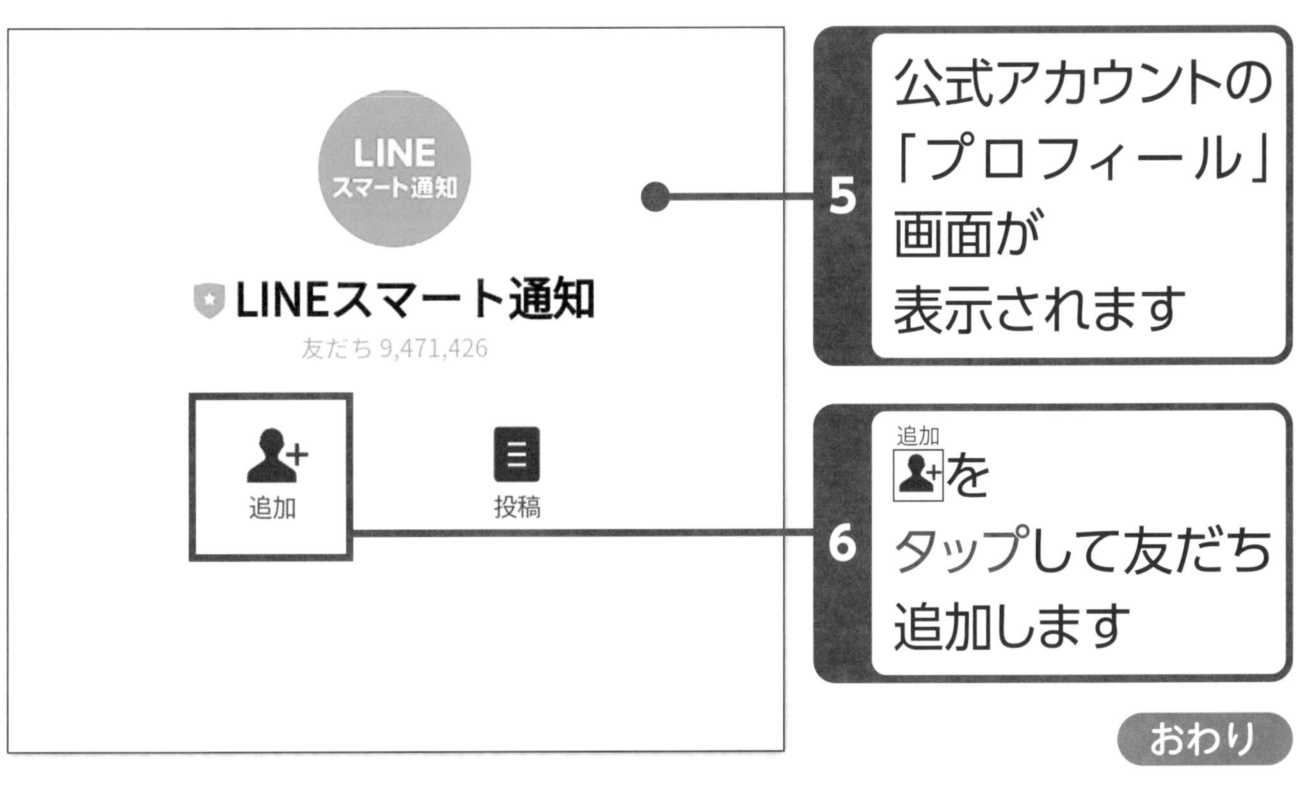

5 公式アカウントの「プロフィール」画面が表示されます

6 追加 を タップして友だち追加します

おわり

Column 追加した公式アカウントを確認するには

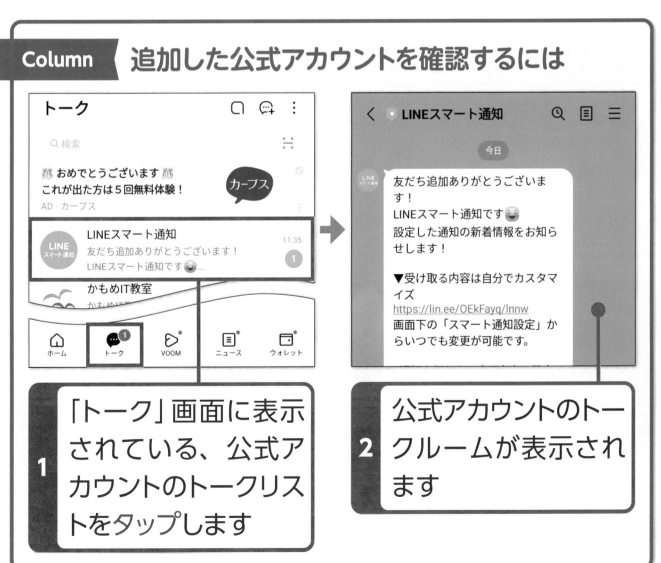

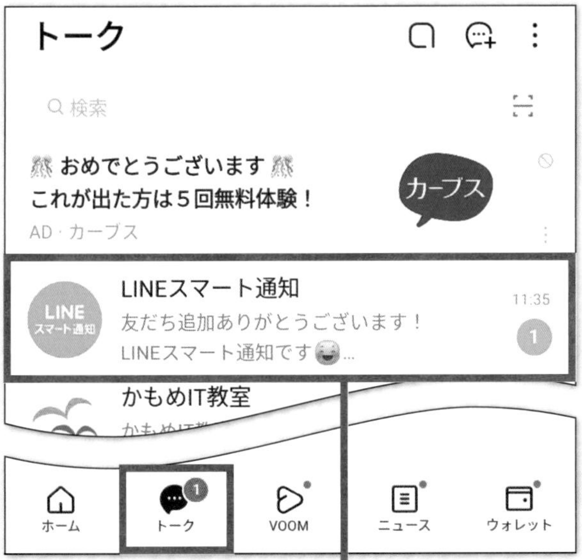

トーク
検索
おめでとうございます
これが出た方は５回無料体験！
AD · カーブス
カーブス
LINEスマート通知
友だち追加ありがとうございます！
LINEスマート通知です…
11:35
かもめIT教室
ホーム
トーク
VOOM
ニュース
ウォレット

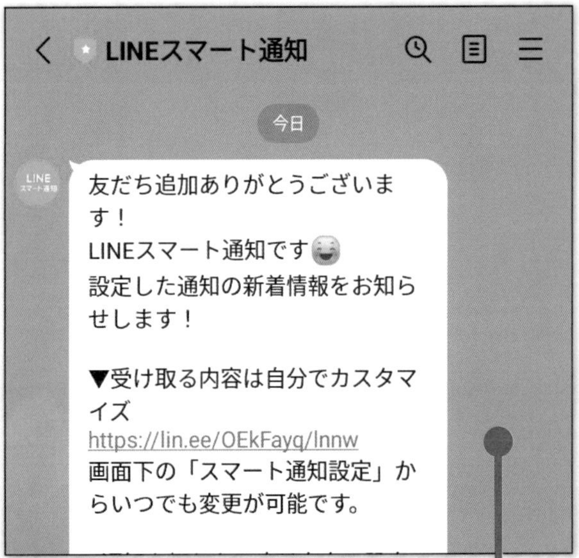

LINEスマート通知
今日
友だち追加ありがとうございます！
LINEスマート通知です
設定した通知の新着情報をお知らせします！
▼受け取る内容は自分でカスタマイズ
https://lin.ee/OEkFayq/lnnw
画面下の「スマート通知設定」からいつでも変更が可能です。

1 「トーク」画面に表示されている、公式アカウントのトークリストをタップします

2 公式アカウントのトークルームが表示されます

Section 30

公式アカウントで防災速報を取得しよう

公式アカウントの「LINEスマート通知」に地域を登録しておくと、地震や気象警報などの防災速報を受け取ることができ、緊急時に役立てることができます。

防災速報を受け取る地域を登録しよう

LINEスマート通知
11:35
友だち追加ありがとうございます！
LINEスマート通知です
かもめIT教室
よろしくおねがいします。
ホーム
トーク
VOOM
ニュース
ウォレット
1 トーク をタップします
2 「LINEスマート通知」をタップします
あらかじめ、130ページを参考に「LINEスマート通知」を友だち追加しておきます
LINEスマート通知
今日
友だち追加ありがとうございます！
スマート通知設定
3 トークルームが表示されます
4 画面下の［スマート通知設定］をタップします

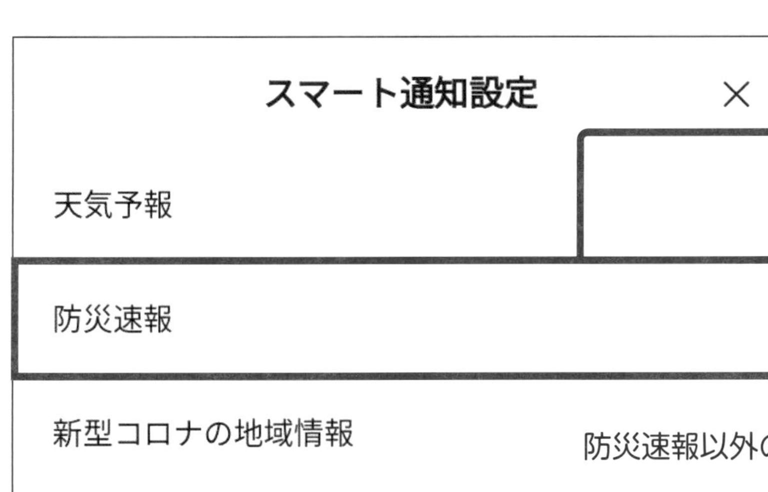

5 [防災速報] をタップします

防災速報以外の通知も設定できます!

防災速報

防災速報の通知を受け取る

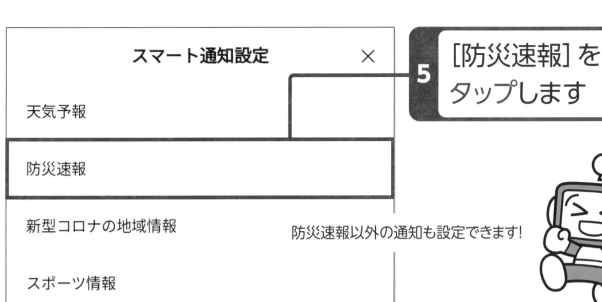

オンにすると「LINEスマート通知」アカウントで防災速報を受け取ることができます。

通知する情報・免責事項について >

6 [防災速報の通知を受ける] のボタンをタップしてオンにします

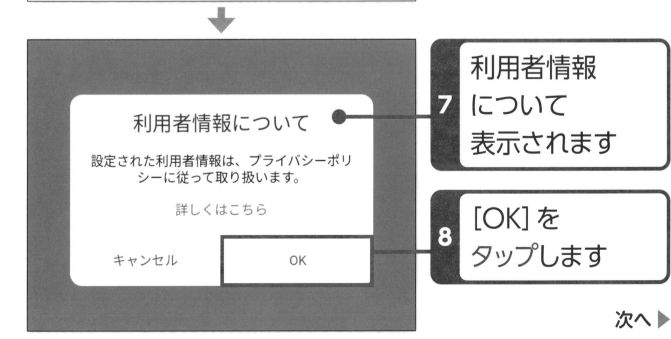

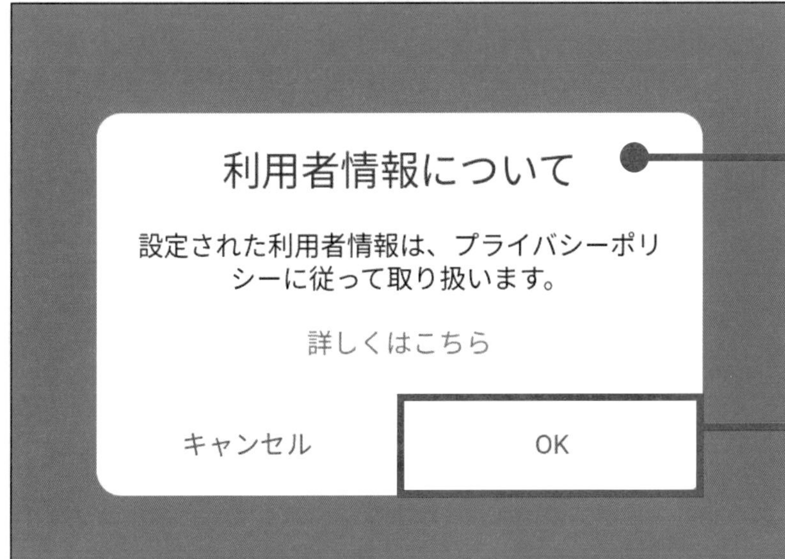

利用者情報について
設定された利用者情報は、プライバシーポリシーに従って取り扱います。
詳しくはこちら
キャンセル
OK

7 利用者情報について表示されます

8 [OK] をタップします

次へ ▶

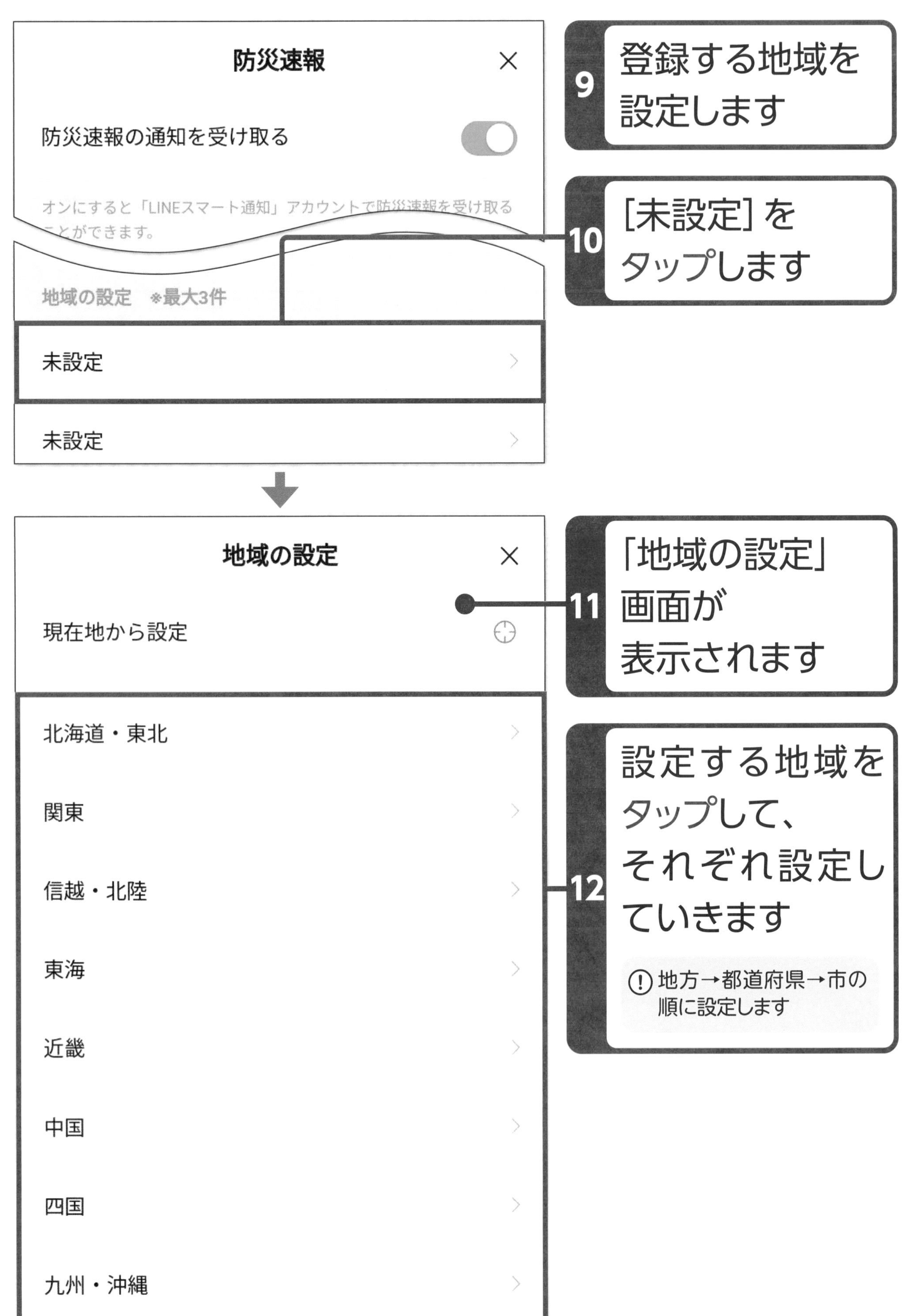

防災速報
防災速報の通知を受け取る
オンにすると「LINEスマート通知」アカウントで防災速報を受け取ることができます。
地域の設定　※最大3件
未設定
未設定
9 登録する地域を設定します
10 [未設定] をタップします
地域の設定
現在地から設定
北海道・東北
関東
信越・北陸
東海
近畿
中国
四国
九州・沖縄
11 「地域の設定」画面が表示されます
12 設定する地域をタップして、それぞれ設定していきます
地方→都道府県→市の順に設定します

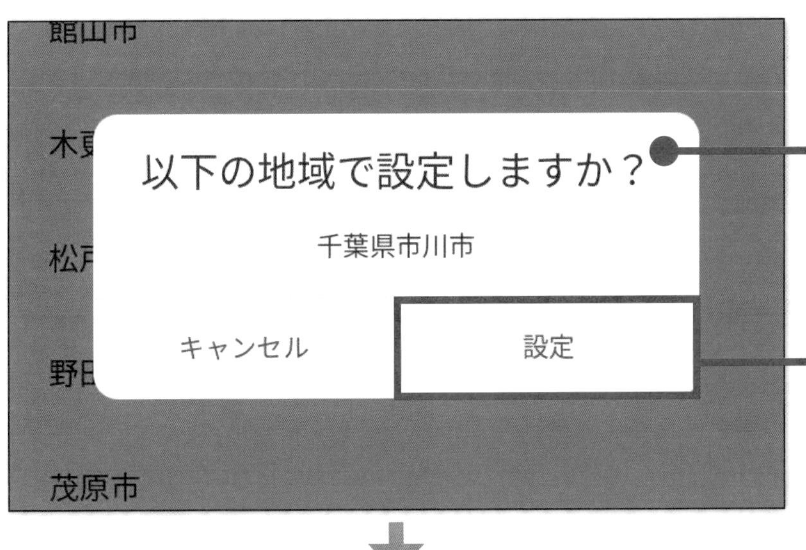

13 地域設定の最終画面が表示されます

14 [設定] をタップします

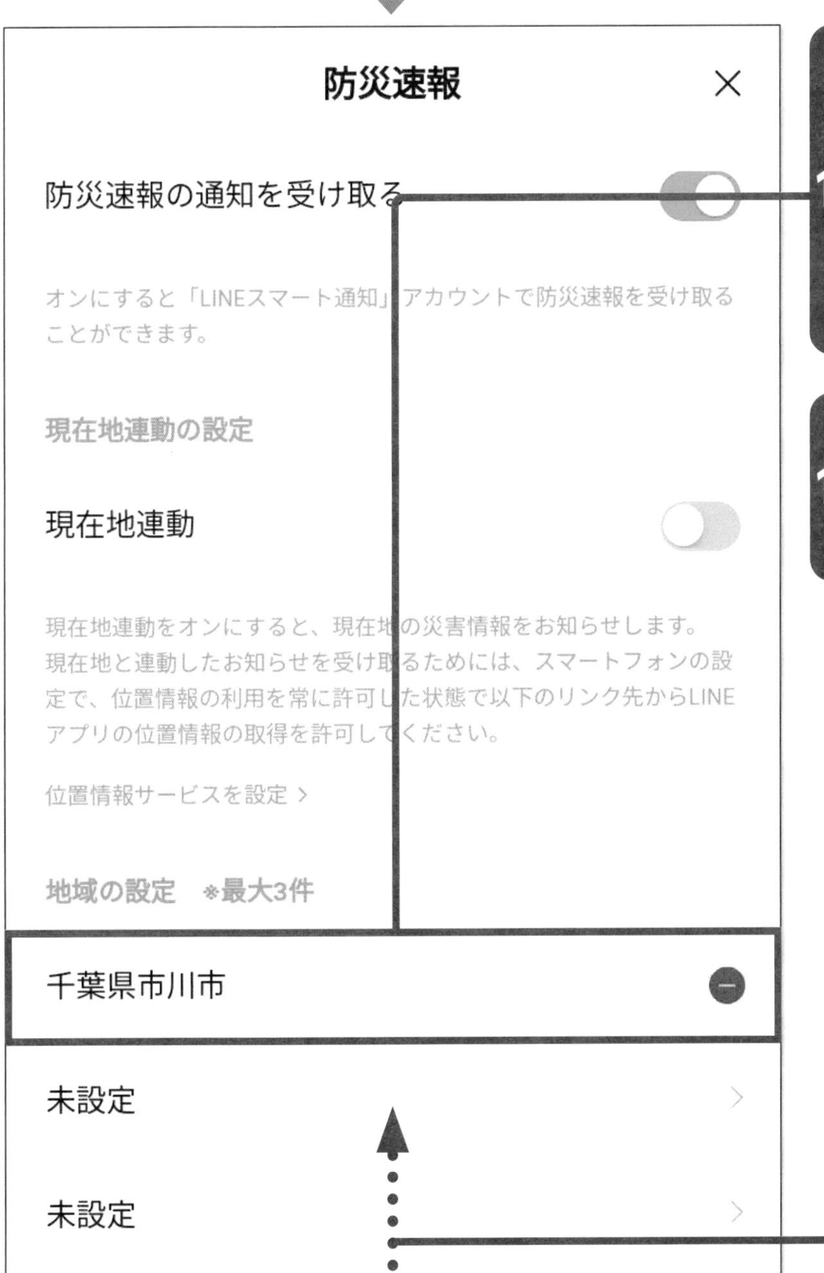

15 地域が設定されました

① 最大3か所の地域を登録できます

16 画面を上方向にスワイプします

次へ ▶

防災速報

受信する情報の選択

地震情報

震度設定　震度4以上

避難情報

津波予報

土砂災害

河川洪水

17 受信する速報の種類を選択します

18 ☒をタップして画面を閉じます

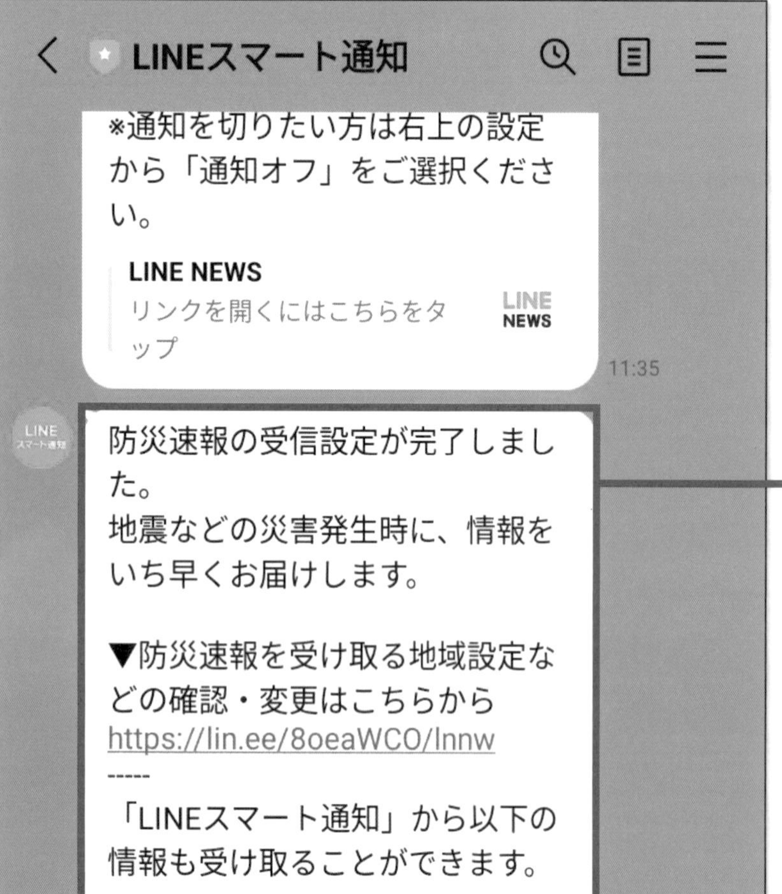

LINEスマート通知
※通知を切りたい方は右上の設定から「通知オフ」をご選択ください。
LINE NEWS
リンクを開くにはこちらをタップ
LINE NEWS
11:35
LINE スマート通知
防災速報の受信設定が完了しました。
地震などの災害発生時に、情報をいち早くお届けします。
▼防災速報を受け取る地域設定などの確認・変更はこちらから
https://lin.ee/8oeaWCO/lnnw

「LINEスマート通知」から以下の情報も受け取ることができます。

19 トークルームに、設定完了のメッセージが表示されます

おわり

Column 受信した速報を確認するには?

防災速報を受信すると、トークルームに速報のメッセージが表示されます。メッセージ内をタップして、防災情報を詳細に確認することもできます。

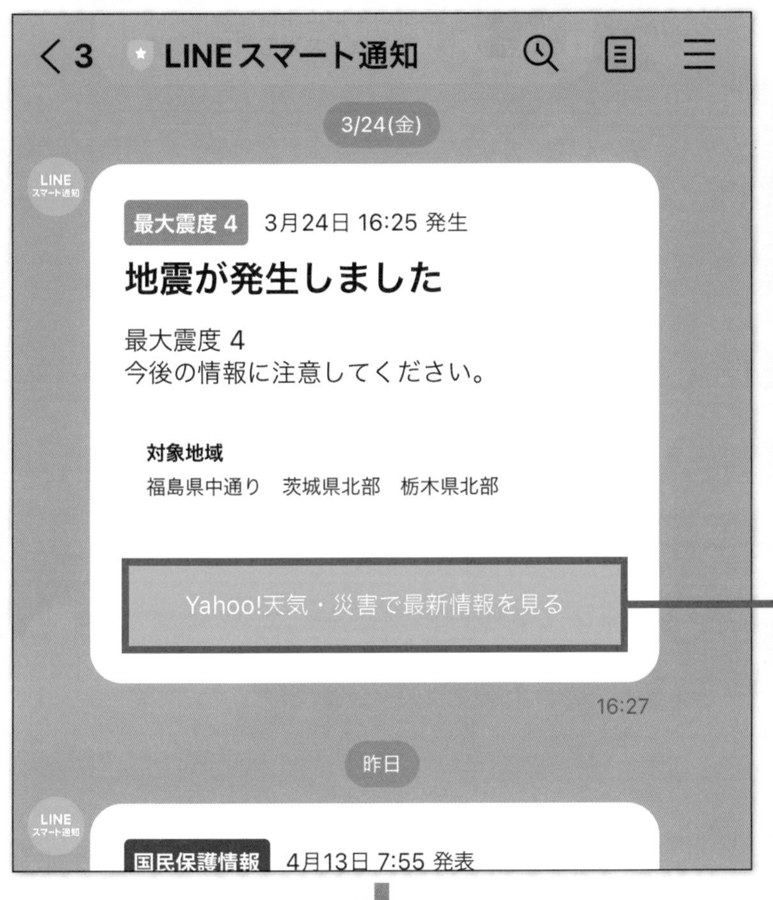

1 LINEスマート通知のトークルームを表示します

132ページを参照してください

2 [Yahoo!天気・災害で最新情報を見る]をタップします

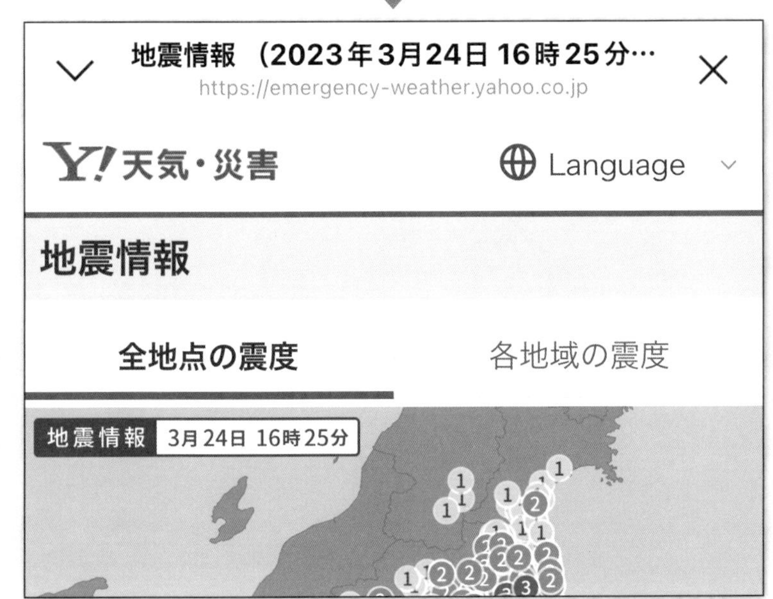

3 「Yahoo!天気・災害」画面で詳細を確認することができます

第6章

LINEを安心して使おう

LINEを使うのに、セキュリティ面での心配もあるかと思います。自分のスマートフォン以外の機器からアクセスできないように設定したり、知らない人からのメッセージが届かないようにしたりするなど、LINEの初期設定を変更して安心して使えるようにしましょう。

この章でできるようになること

パソコンからのアクセスをブロックできます！

➔140～141ページ

パソコンやiPadでLINEを使わない場合はブロックしておくと安心です

勝手に友だちに登録されないようにできます！

➔144～145ページ

スマートフォンの連絡帳から自動的に友だちに追加されないように設定できます

< 友だち

友だち追加

友だち自動追加

端末の連絡先に含まれるLINEユーザーを自動で友だち追加します。同期ボタンをタップすると、現在の連絡先の情報を同期できます。

友だちへの追加を許可

あなたの電話番号を保有しているLINEユーザーが自動で友だちに追加したり、検索することができます。

友達をブロックする方法がわかります！

➔146～149ページ

友達からのメッセージを受信しないようにするためには、ブロックする必要があります

Section 31

パソコンから使えないようにしておこう

LINEは、スマホだけでなく、同じアカウントでパソコンで使うこともできます。パソコンで利用しない場合は、アカウント乗っ取りなどの防止策として、パソコンで使えないように設定しておくと安心です。

「ログイン許可」の設定をオフにしよう

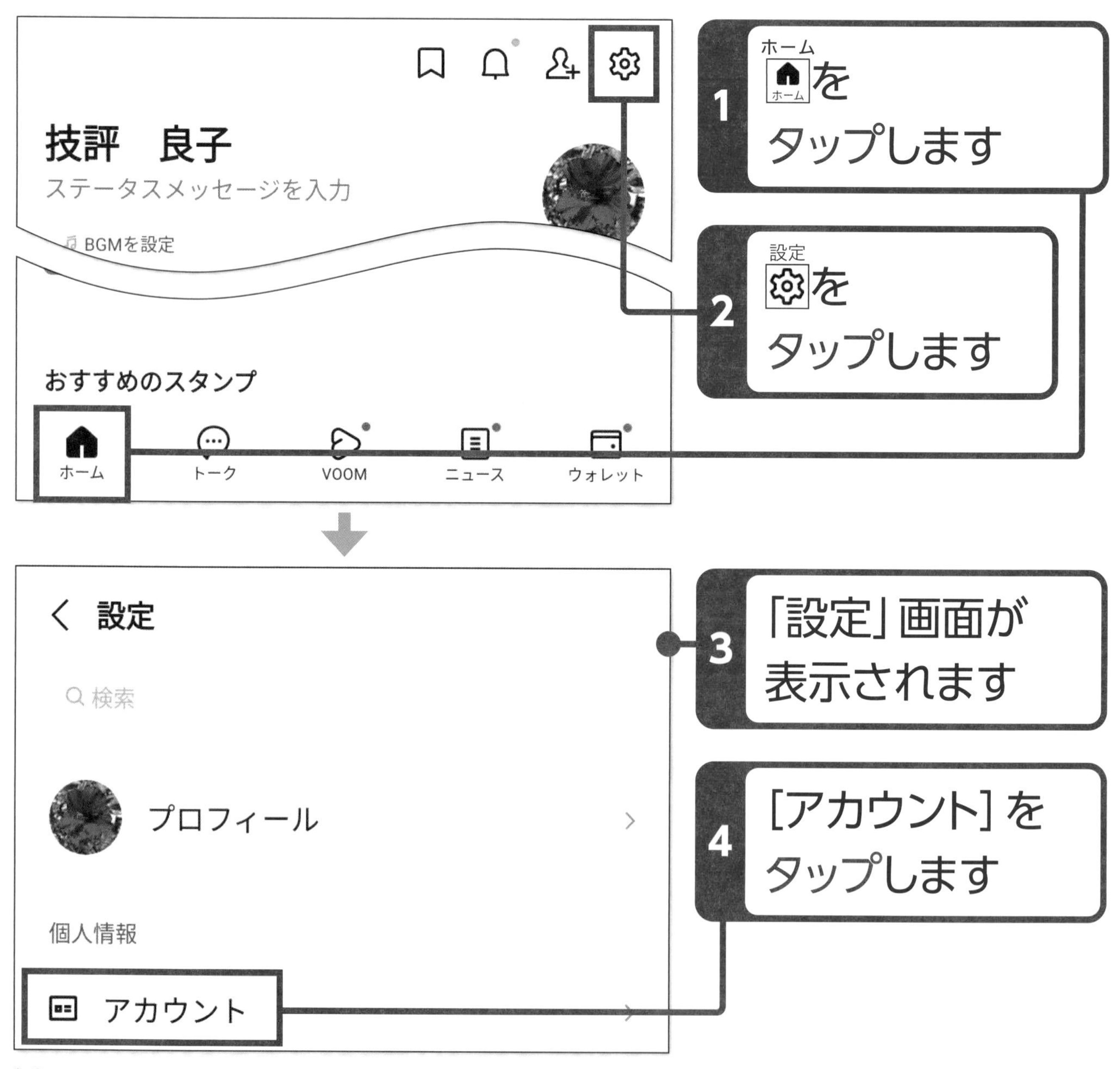

5 「アカウント設定」画面が表示されます

6 [ログイン許可]をタップしてオフにします

ⓘ すでにオフになっている場合はタップする必要はありません

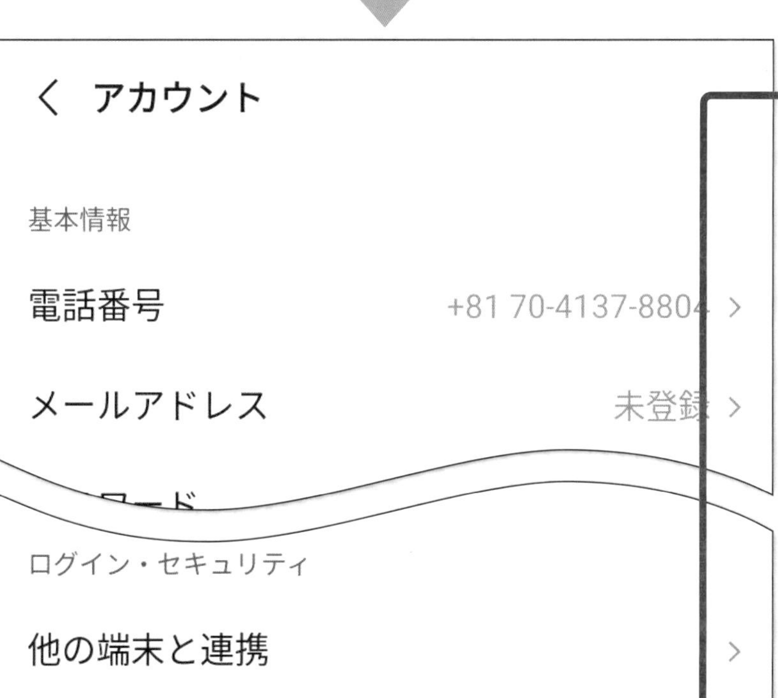

7 オフになりました

8 パソコンからのログインはできません

パソコンやiPadなどでLINEを使いたい場合はオンにしておきましょう!

おわり

Section 32

知らない人からのメッセージが届かないようにしよう

知らない人からメッセージが届くと不安になります。LINEの設定を変更して、友だちに登録している人以外からのメッセージが届かないようにしておきましょう。

友だち以外からのメッセージを拒否しよう

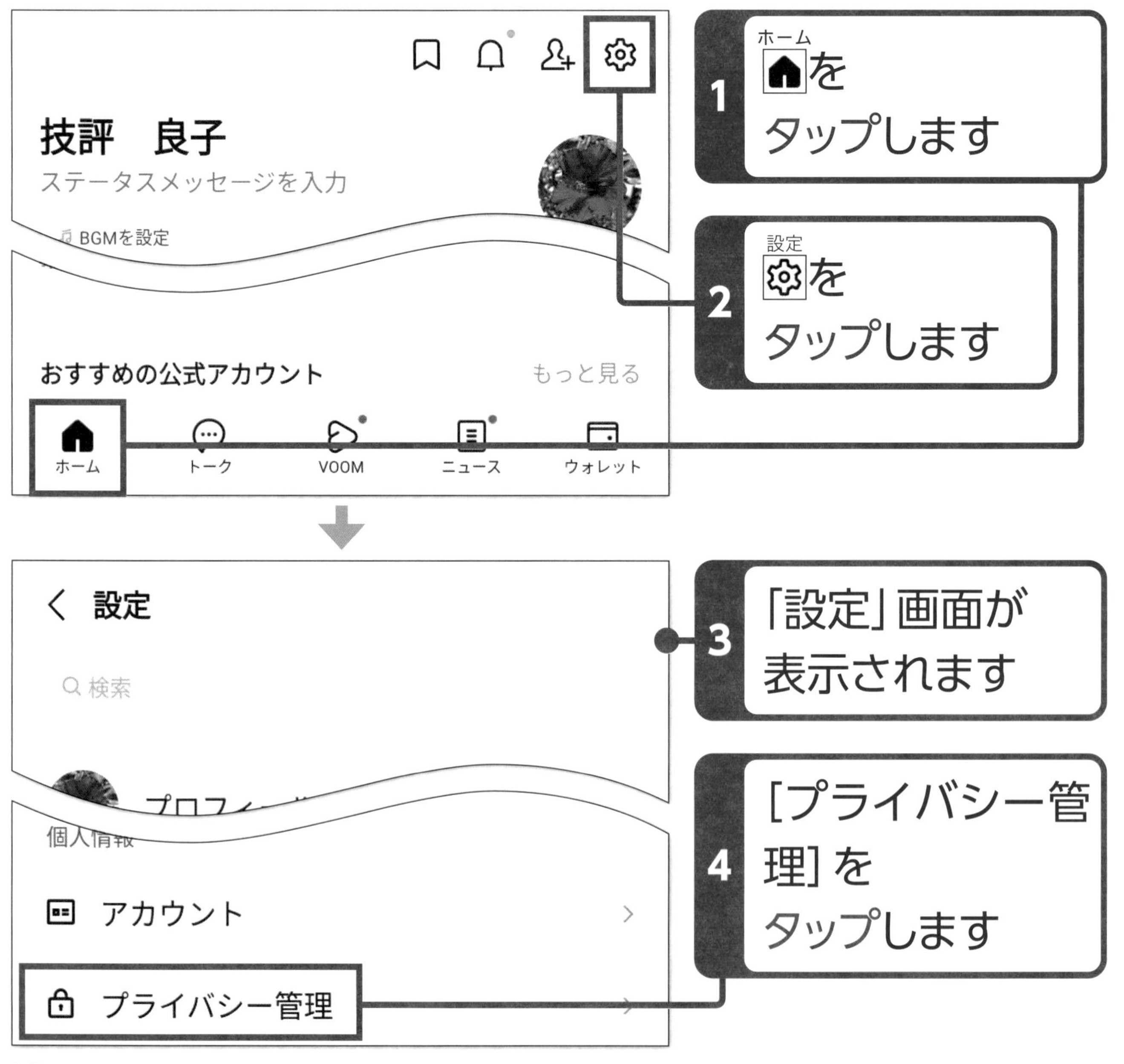

く プライバシー管理

パスコードロック

パスコードを忘れた場合は、LINEのアプリを削除して再インストールして下さい。
その場合過去のトーク履歴はすべて削除されますのでご注意下さい。

IDによる友だち追加を許可

他のユーザーがあなたのIDを検索して友だち追加することができます。

メッセージ受信拒否

友だち以外からのメッセージの受信を拒否します。

5 「プライバシー管理」画面が表示されます

6 [メッセージ受信拒否]をタップしてオンにします

く プライバシー管理

パスコードロック

パスコードを忘れた場合は、LINEのアプリを削除して再インストールして下さい。
その場合過去のトーク履歴はすべて削除されますのでご注意下さい。

IDによる友だち追加を許可

他のユーザーがあなたのIDを検索して友だち追加することができます。

メッセージ受信拒否

友だち以外からのメッセージの受信を拒否します。

7 オンになりました

8 友だち登録している人のメッセージしか受信しません

Section 33

勝手に友だち登録されないようにしよう

スマートフォンの連絡先情報から勝手に友だちに追加してしまったり、相手のLINEに自分が勝手に友だち登録されたりしないよう、あらかじめ設定しておきましょう。

「友だちの自動追加」や「追加の許可」をオフにしよう

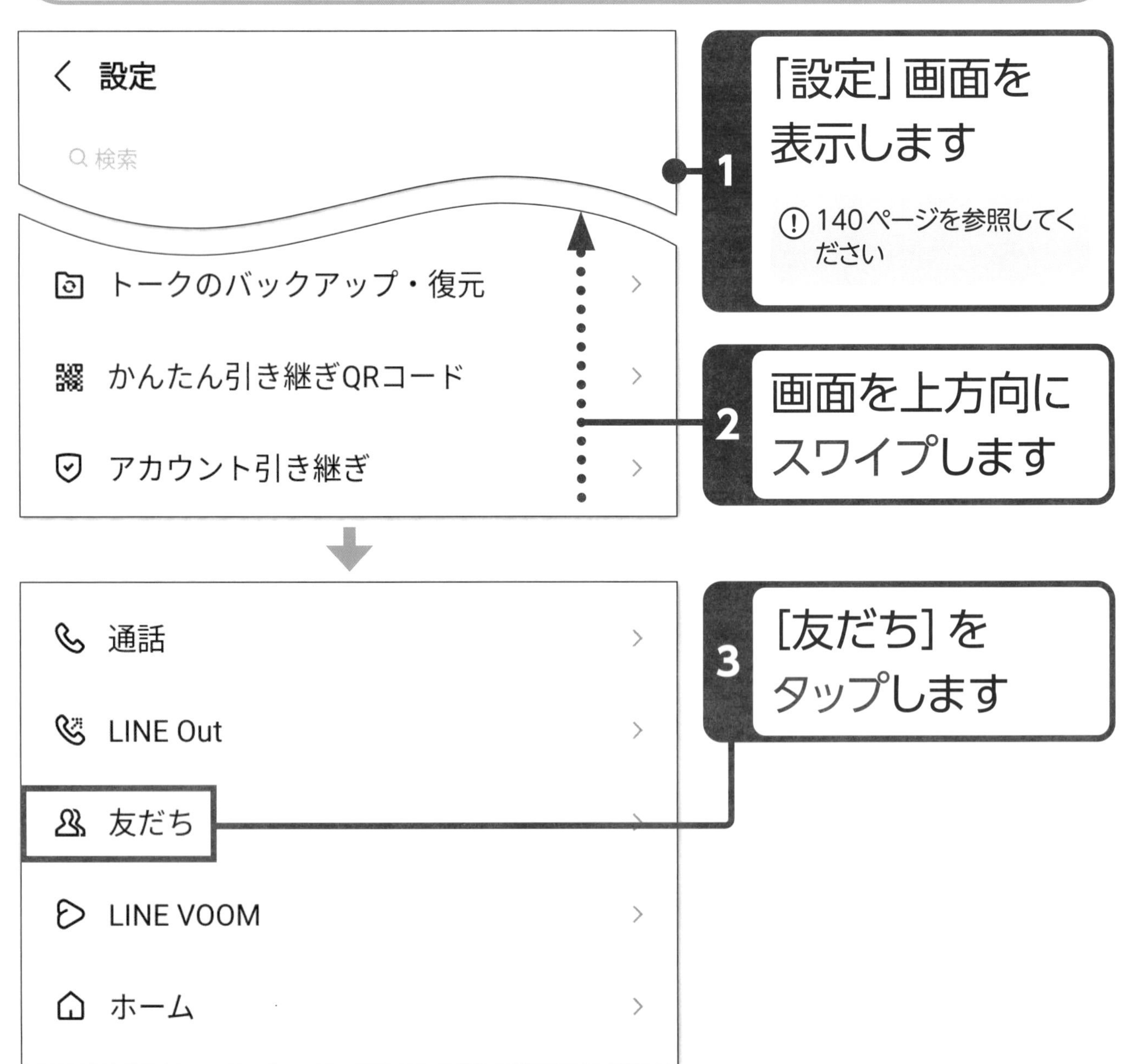

< 友だち

友だち追加

友だち自動追加

端末の連絡先に含まれるLINEユーザーを自動で友だち追加します。同期ボタンをタップすると、現在の連絡先の情報を同期できます。

友だちへの追加を許可

あなたの電話番号を保有しているLINEユーザーが自動で友だちに追加したり、検索することができます。

友だち管理

非表示リスト >

ブロックリスト (1) >

4 [友だち自動追加]をタップしてオフにします

5 [友だちへの追加を許可]をタップしてオフにします

ⓘ 本書の手順通りにLINEをインストールした場合は、アカウント作成時(31ページ)にオフに設定されているはずです

オフになっている場合は、タップする必要はありません!

おわり

Column 「友だち自動追加」、「友だちへの追加を許可」オンにすると?

●「友だち自動追加」をオンにした場合

自分のスマートフォンの連絡先に登録されていて、かつLINEを利用している人が自動的に友だちに追加されます。

●「友だちへの追加を許可」をオンにした場合

自分の電話番号を知っている相手であれば誰でも、自分を友だちに追加できるようになります。

Section 34

友だちをブロックしよう

ブロックとは、特定の友だちからのメッセージをシャットアウトして受信しないようにする機能です。ブロックはトークルームまたは友だちリストで設定できます。

トークルームからブロックする

4 友だちがブロックされました

6章

LINEを安心して使おう

次へ ▶

Column ブロックしたらトークルームは削除されるの?

ブロックしてもトークルームは削除されずに残ります。ブロック中はメッセージは受信されません。

友だちリストからブロックする

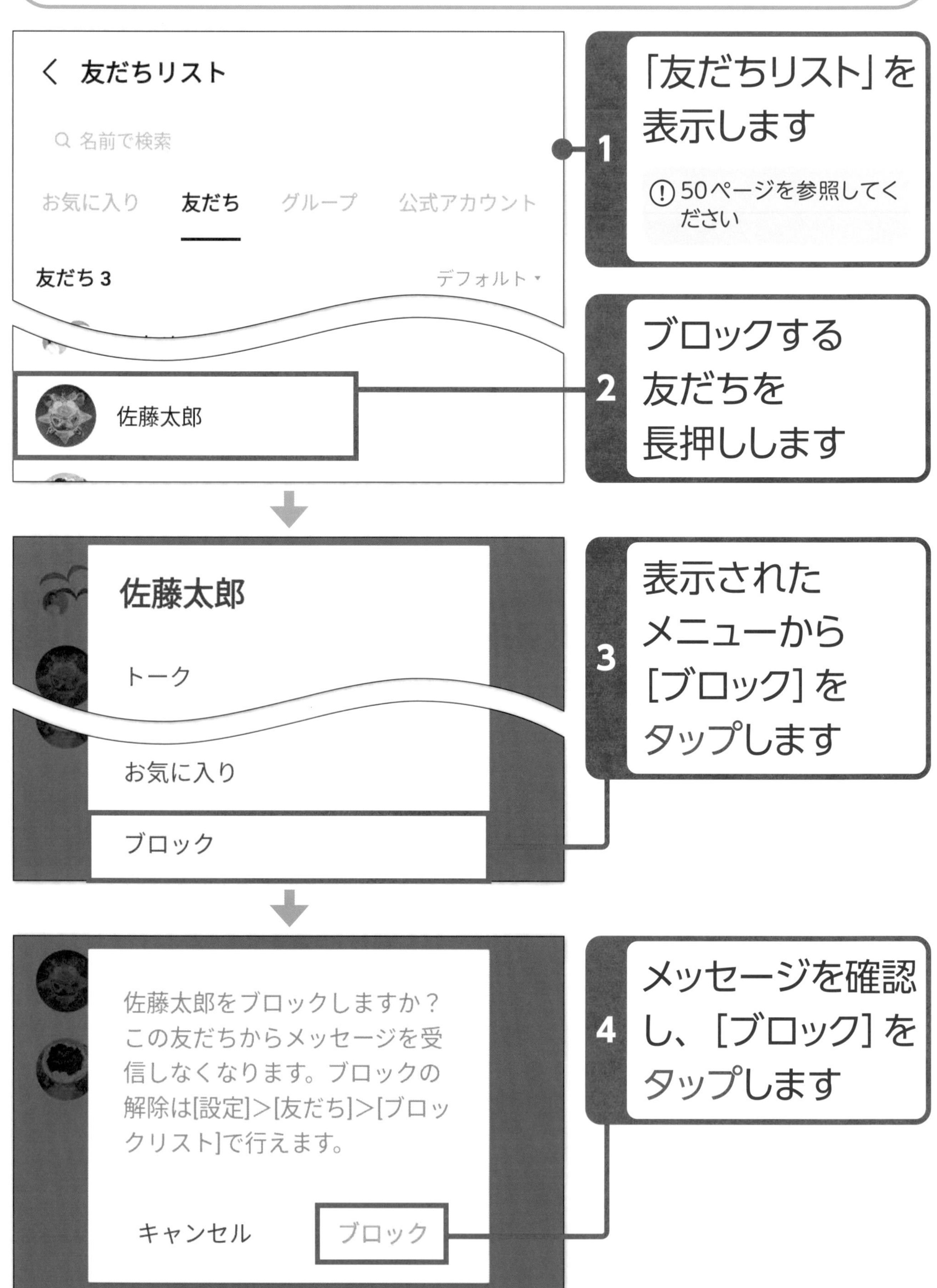

友だちリスト
名前で検索
お気に入り
友だち
グループ
公式アカウント
友だち 3
デフォルト
佐藤太郎
1
「友だちリスト」を表示します
50ページを参照してください
2
ブロックする友だちを長押しします
佐藤太郎
トーク
お気に入り
ブロック
3
表示されたメニューから[ブロック]をタップします
佐藤太郎をブロックしますか？この友だちからメッセージを受信しなくなります。ブロックの解除は[設定]>[友だち]>[ブロックリスト]で行えます。
キャンセル
ブロック
4
メッセージを確認し、[ブロック]をタップします

く 友だちリスト

名前で検索

お気に入り　友だち　グループ　公式アカウント

友だち 2　デフォルト

かもめIT教室 岩間

鈴木　花子

5 ブロックした友だちが友だちリストから削除されます

おわり

Column ブロックしたことは相手に通知されるの?

ブロックしたことは、相手には通知されません。ブロックされた後でも、相手はメッセージを送信することができますが、ブロックしている側ではメッセージが受信されません。そのため、相手側のトークルームにはいつまでも「既読」が表示されません。

Section 35

LINEの起動用のパスコードを設定しよう

LINEを起動する際に、パスコード（暗証番号）を入力するように設定することができます。トーク画面の盗み見などが心配な人は設定しておくと安心です。

LINEにパスコードロックを設定しよう

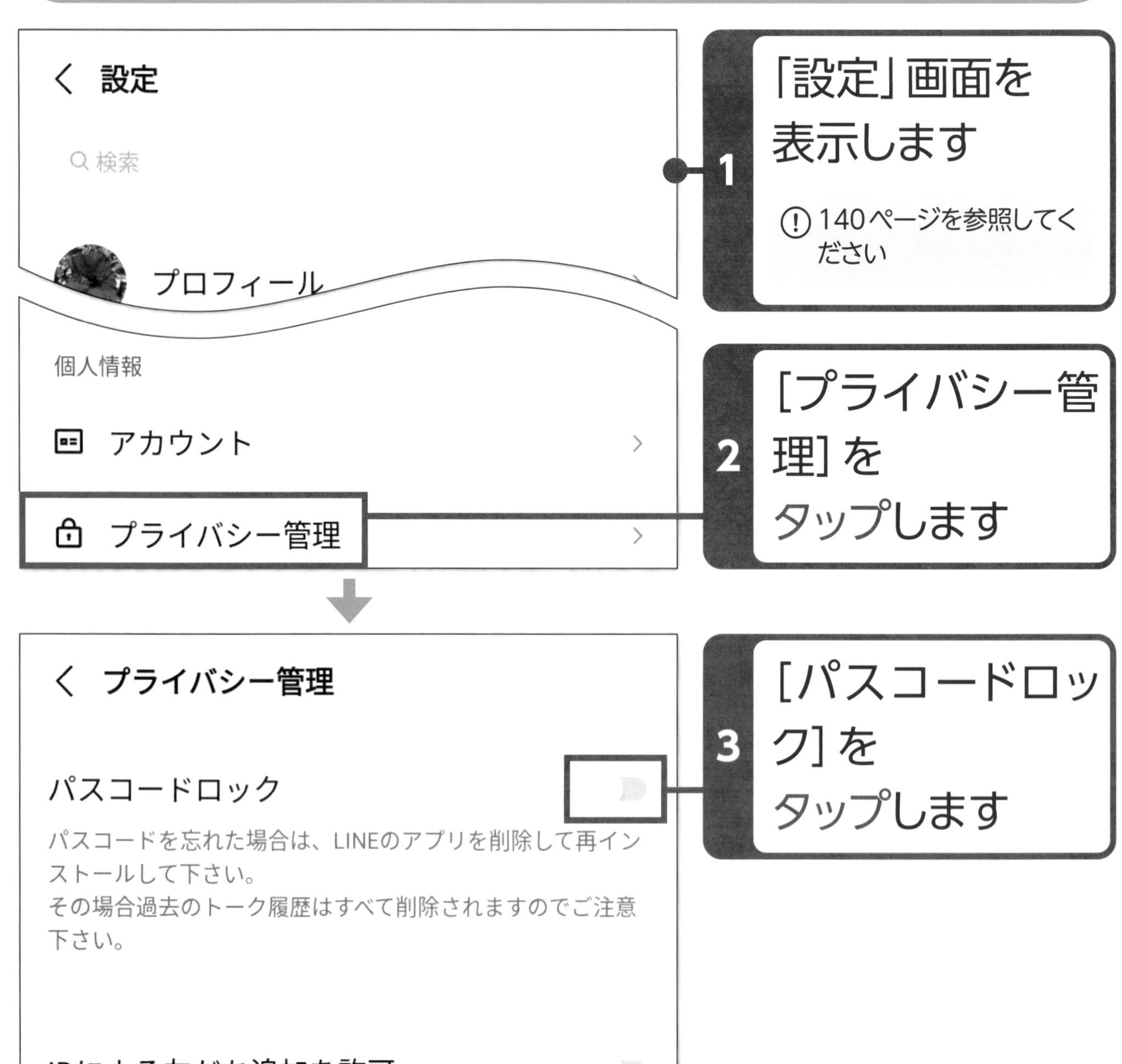

設定
検索
プロフィール
個人情報
アカウント
プライバシー管理
プライバシー管理
パスコードロック
パスコードを忘れた場合は、LINEのアプリを削除して再インストールして下さい。
その場合過去のトーク履歴はすべて削除されますのでご注意下さい。

1 「設定」画面を表示します

140ページを参照してください

2 [プライバシー管理]をタップします

3 [パスコードロック]をタップします

パスコード入力

設定したいパスコードを入力して下さい。

4 パスコード（4桁の数字）を2回入力します

設定したパスコードは絶対忘れないようにしましょう!

その場…注意下さい

IDに…

他のユ…とができま…

通知でメッセージ内容のプレビューはできません。プレビューをオンにしたい場合は、「設定>通知」から設定を変更してください。

メッセージ内容を表示

確認

メッ…

友だち…

5 通知に関するメッセージが表示されるので、内容を確認して［確認］をタップします

く プライバシー管理

パスコードロック

パスコードの変更 >

パスコードを忘れた場合は、LINEのアプリを削除して再インストールして下さい。
その場合過去のトーク履歴はすべて削除されますのでご注意下さい。

IDによる友だち追加を許可

6 パスコードが設定されました

(!) パスコードを解除する場合はタップしてオフにします

以降、LINEを起動する際にはパスコードの入力が必要になります!

おわり

第7章

知っておきたい LINE Q&A

この章ではこれまでの章では紹介してこなかった、LINEを利用する上で便利なテクニックや困ったときの解決策をまとめてあります。LINEをより快適に使えるように、自分にとって必要なことがあれば実践してみましょう。

この章でできるようになること

送信したメッセージを取り消す方法がわかります！ ➔154～155ページ

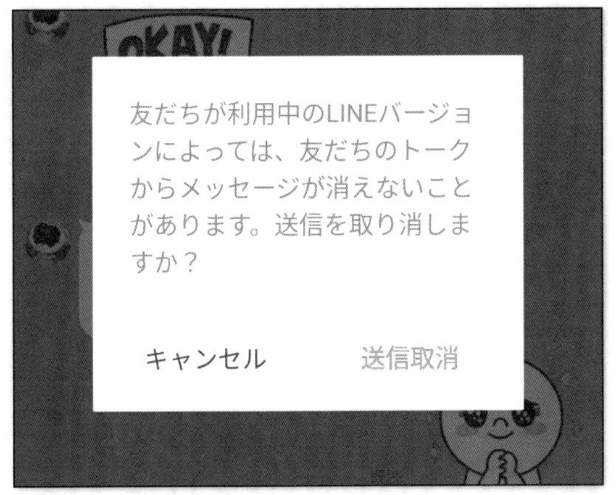

OKAY!
友だちが利用中のLINEバージョンによっては、友だちのトークからメッセージが消えないことがあります。送信を取り消しますか？
キャンセル
送信取消

間違って送ってしまったスタンプやメッセージなどの送信を取り消すことができます

通知を個別にオフにする方法がわかります！ ➔156～157ページ

友だちやグループごとに通知をオフに設定できます

く　かもめサークル(4)

通知オフ　メンバー　招待　退会

機種変更するときのLINEの引継ぎ方法がわかります！ ➔176～187ページ

く　アカウント引き継ぎ

アカウントを引き継ぐ

残り時間: 35:59:58

引き継ぎしない場合は絶対に設定をオンにしないでください

この設定をオンにすると、他のスマートフォンにアカウントを引き継ぐことができるようになります。

オンにしてから一定時間が経過するか、引き継ぎが正常に完了すると、設定が自動的にオフになります。

LINEのアカウントを引き継ぐことで、新端末でも自分のLINEを使えます

Section 36

送信したメッセージやスタンプを取り消したい

メッセージや写真、スタンプなどを間違えて送ってしまった場合、送信後24時間以内なら送信を取り消すことができます。送信を取り消すと、相手のトークルームからもメッセージが削除されます。

送信メッセージを取り消そう

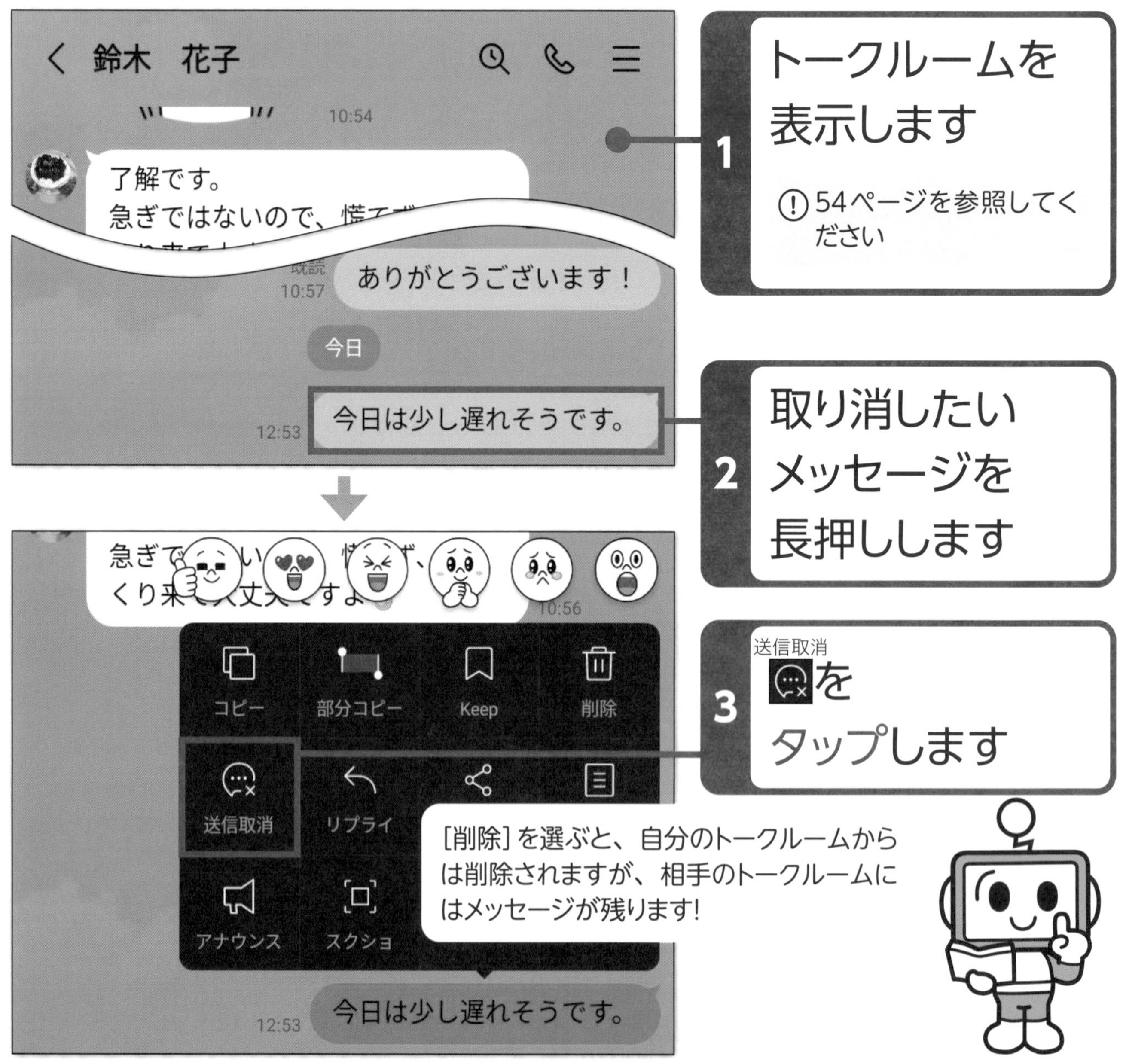

1 トークルームを表示します

54ページを参照してください

2 取り消したいメッセージを長押しします

3 送信取消 をタップします

［削除］を選ぶと、自分のトークルームからは削除されますが、相手のトークルームにはメッセージが残ります!

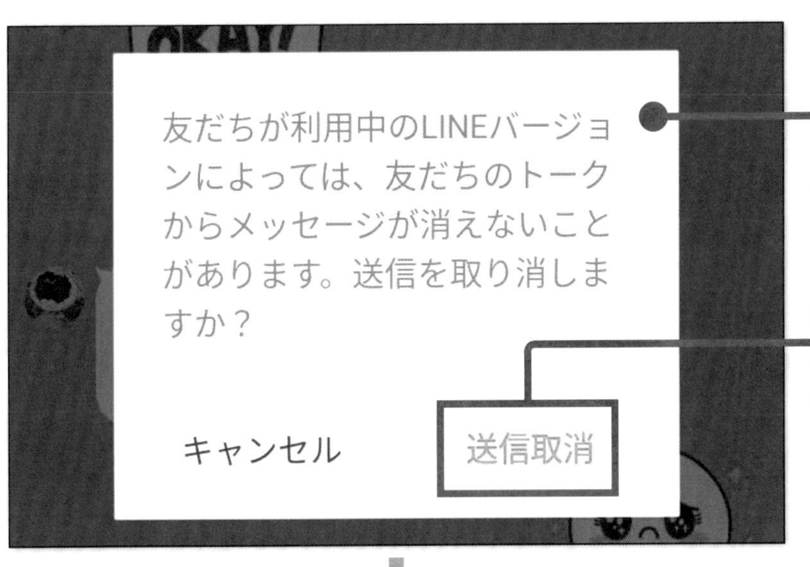

4 確認メッセージが表示されます

5 [送信取消] をタップします

6 送信が取り消されメッセージが削除されました

- ! 相手のトークルームのメッセージも削除されます
- ! スタンプや写真の場合も同じように送信を取り消すことができます

相手のトークルームにも「メッセージの送信を取り消しました」と表示されます!

おわり

Section 37

通知を個別にオフにしたい

LINEでやり取りされるメッセージが頻繁に受信され、そのたびに表示される通知バナーをわずらわしく感じる場合は、友だちやグループからの通知を個別にオフにすることができます。

通知をオフに設定しよう

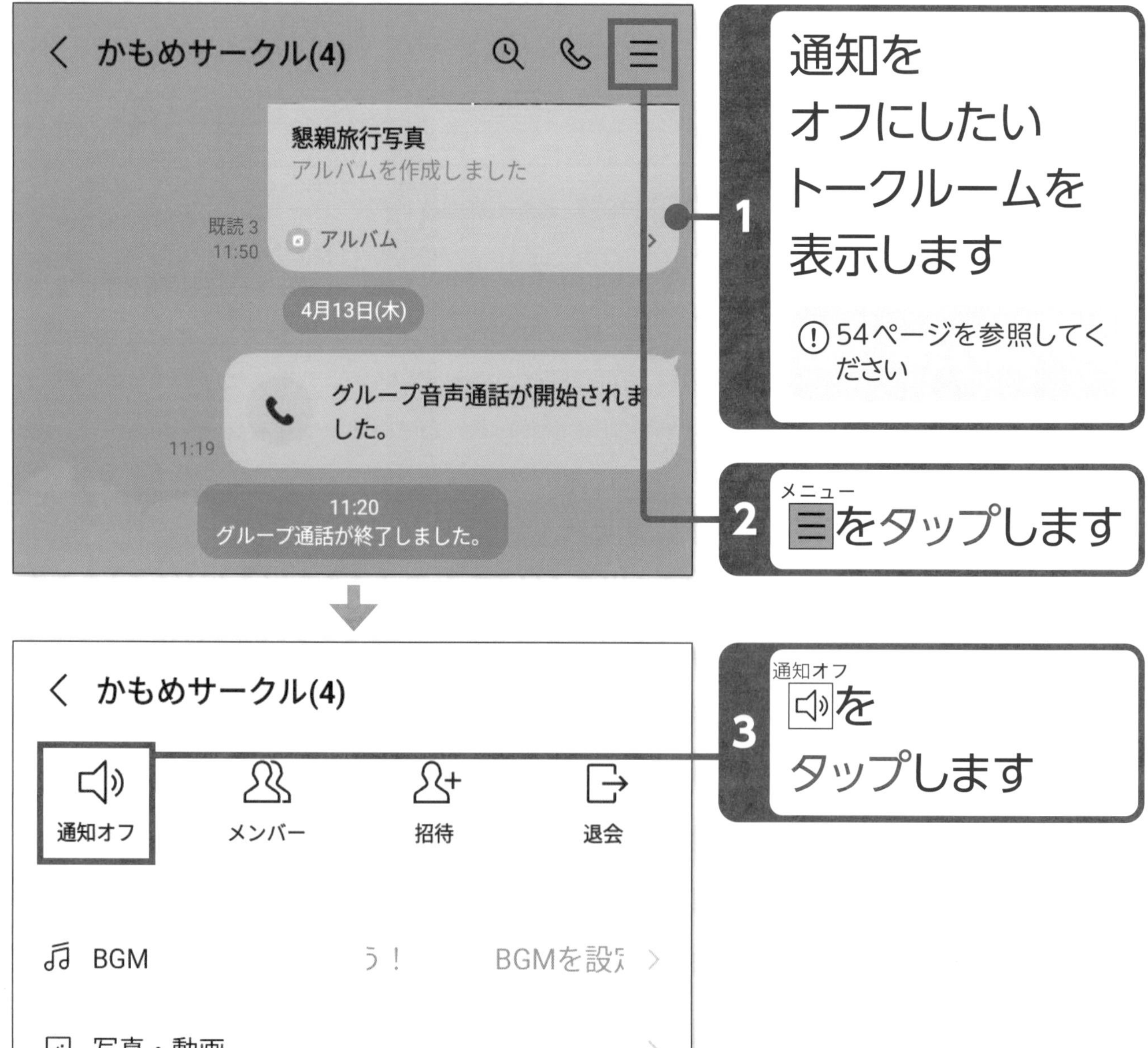

1 通知をオフにしたいトークルームを表示します

! 54ページを参照してください

2 メニュー ☰ をタップします

3 通知オフ 🔈 をタップします

4 通知がオフに設定されました

ⓘ通知がオフになっても、メッセージは受信されます

通知をオフにしたことは、トークの相手側に知られることはありません!

おわり

Column 通知をオンに戻すには

156ページを参考にトークルームからメニューを表示し、[通知オン]をタップします。

Section 38

トークの文字を大きくしたい

トークルームに表示されるメッセージの文字の大きさは、変更することができます。文字が小さくて読みにくいと感じる場合は、大きさを変更してみましょう。

文字サイズを変更しよう

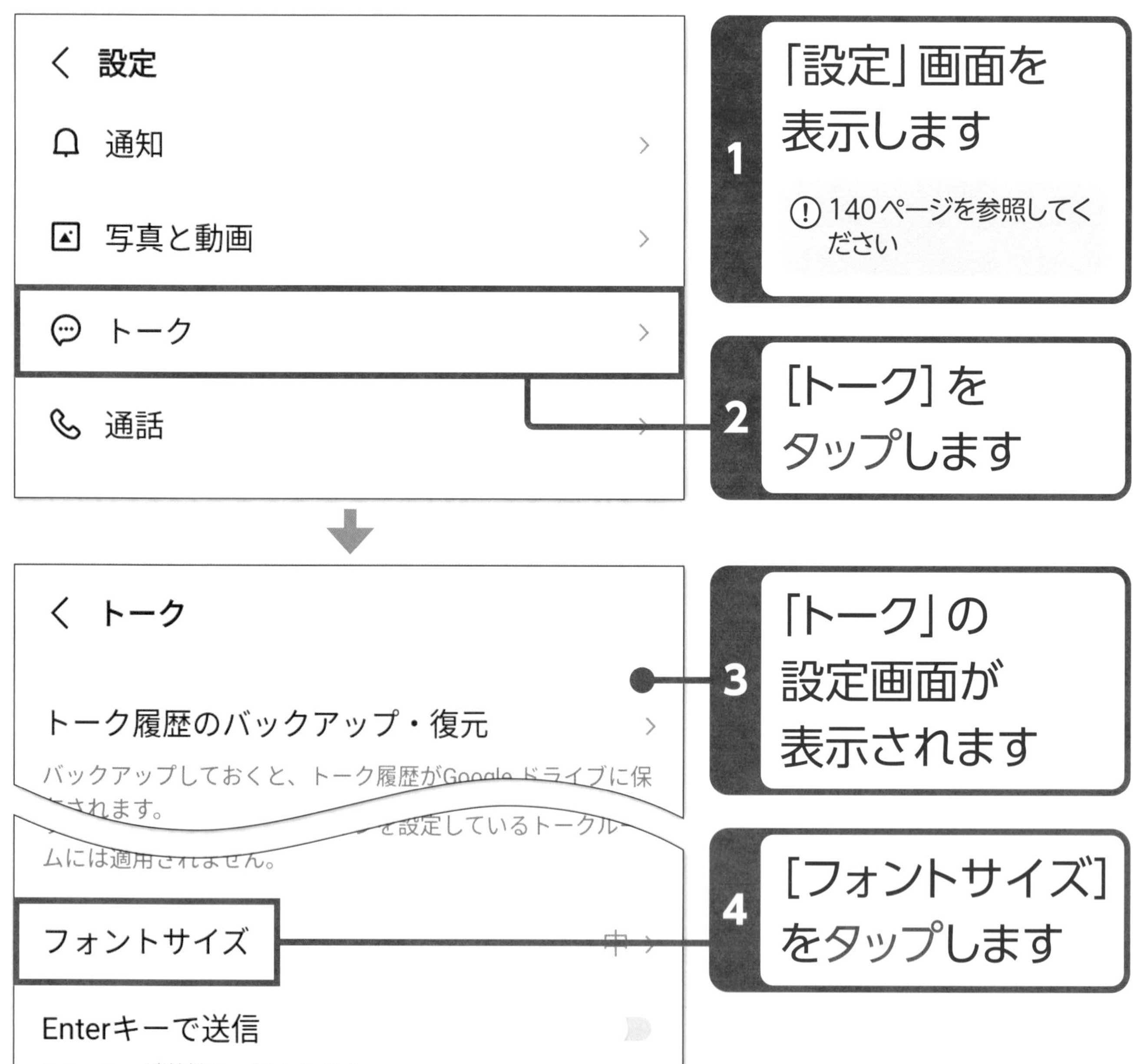

1 「設定」画面を表示します

(!) 140ページを参照してください

2 [トーク]をタップします

3 「トーク」の設定画面が表示されます

4 [フォントサイズ]をタップします

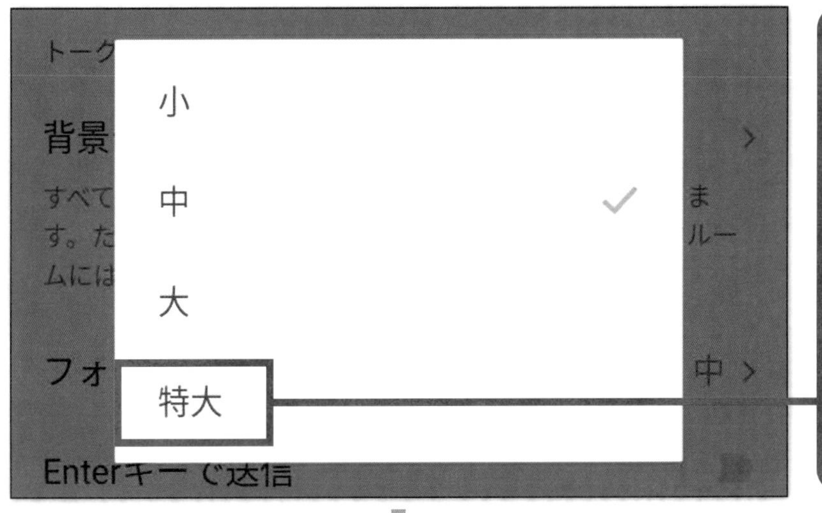

5 設定する文字サイズをタップします

ⓘ iPhoneの場合は、［iPhoneの設定に従う］をオフにしてから文字サイズを選択します

特大 >

Enterキーで送信

自動再送

送信できなかったメッセージを、一定時間後に自動で再送します。

6 フォントサイズが変更されました

トークルームを表示して、文字が大きくなったのを確認しましょう!

おわり

Column AndroidとiPhoneのフォントサイズの違い

AndroidとiPhoneではフォントサイズの仕様が異なり、同じ「特大」に設定したとしても、表示される大きさが異なります。

●Androidで特大に設定

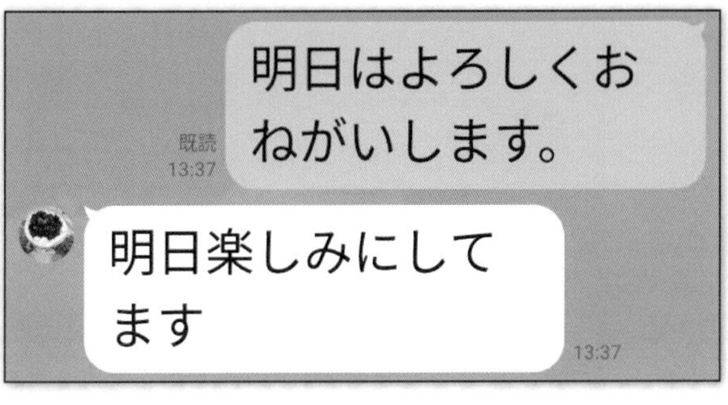

●iPhoneで特大に設定

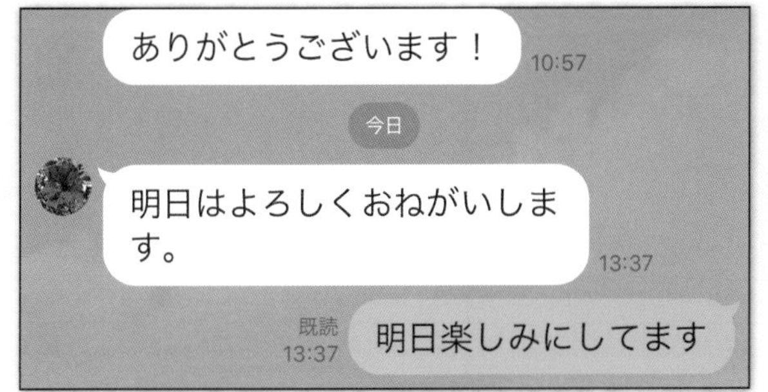

Section 39

音声を録音して送りたい

LINEでは、喋った言葉をそのまま録音して、ボイスメッセージとして送ることができます。伝えたいメッセージが多く、文字入力するのが大変な時などに利用すると便利です。

ボイスメッセージを送ろう

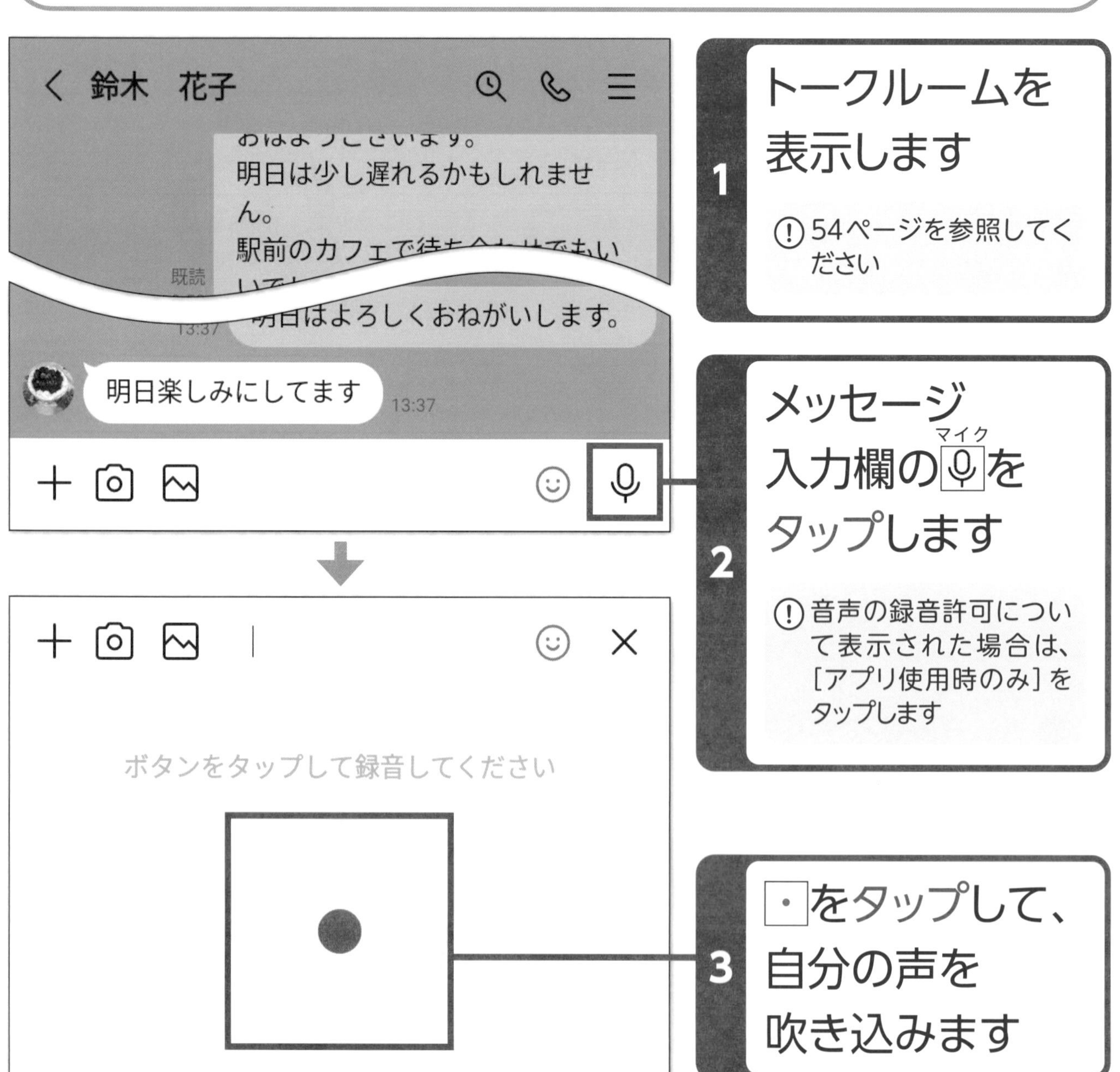

鈴木　花子
明日は少し遅れるかもしれません。
駅前のカフェで待ち合わせでもい
既読
13:37
明日はよろしくおねがいします。
明日楽しみにしてます
13:37
ボタンをタップして録音してください
1
トークルームを表示します
54ページを参照してください
2
メッセージ入力欄の🎤(マイク)をタップします
音声の録音許可について表示された場合は、[アプリ使用時のみ]をタップします
3
●をタップして、自分の声を吹き込みます

4 録音が始まります

5 録音が終わったら、■をタップします

ⓘ 録音をやり直す場合は■をタップします

7章

知っておきたいLINE Q&A

次へ ▶

6 ▶をタップします

ⓘ 再生ボタンをタップして録音内容を確認できます

7 ボイスメッセージが送信されました

受信したボイスメッセージを再生しよう

1 トークルームを表示します

① 54ページを参照してください

2 受信したボイスメッセージの再生▶をタップします

既読
10:57
既読
10:57
ありがとうございます！
昨日
既読
13:37
明日はよろしくおねがいします。
明日楽しみにしてます
13:37
今日
既読
11:54
00:25
00:13
12:08

3 ボイスメッセージが再生されます

① 音量を調節して再生しましょう

Ⅱをタップすると停止します!

おわり

7章 知っておきたいLINE Q&A

Section 40

離れている知り合いを友だちに追加したい

LINEで友だち追加する際、近くでQRコードを実際に見せ合うことができない場合は、自分のQRコードをメールに添付して友だちに送ることができます。

QRコードをメールで送信しよう

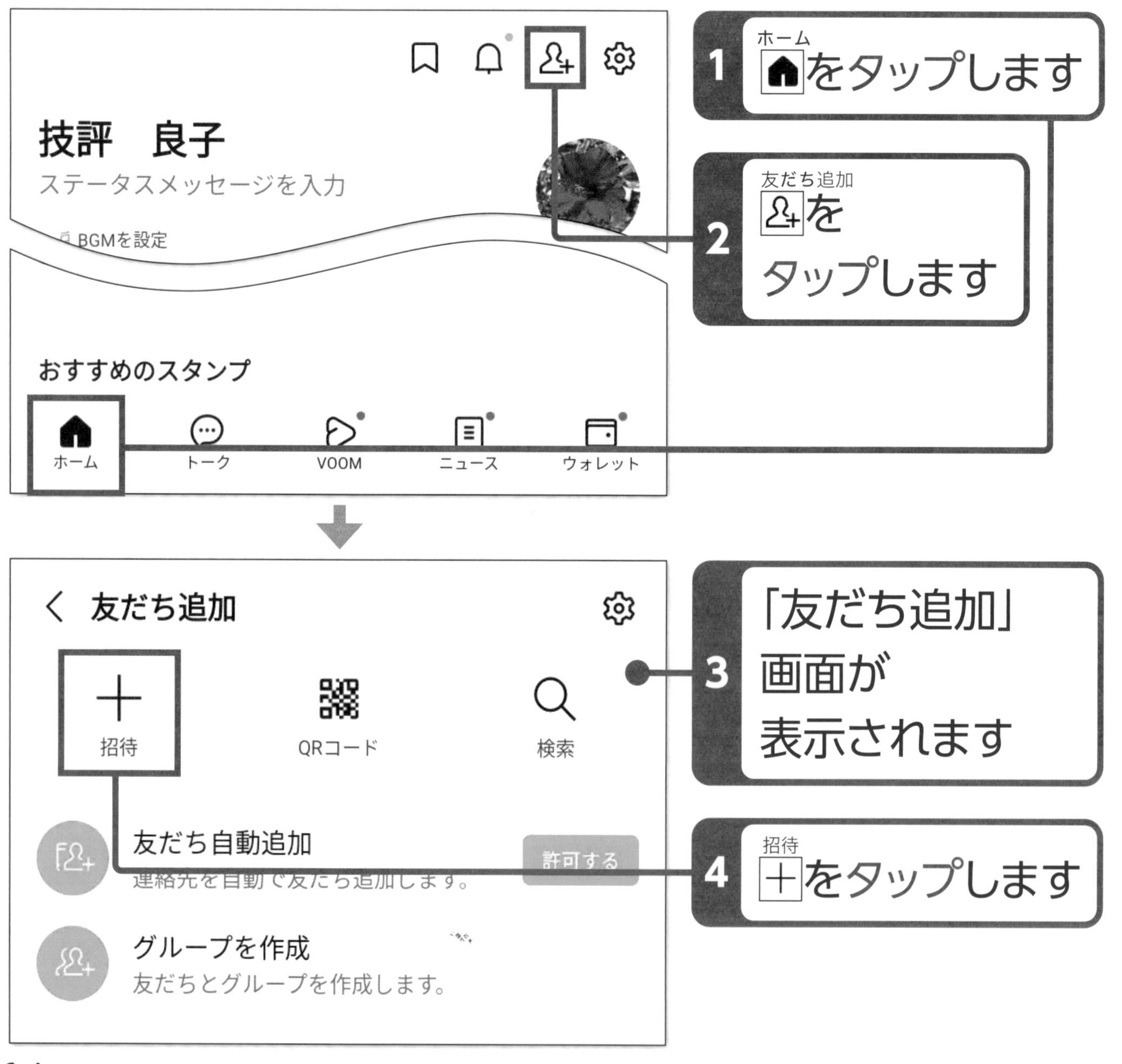

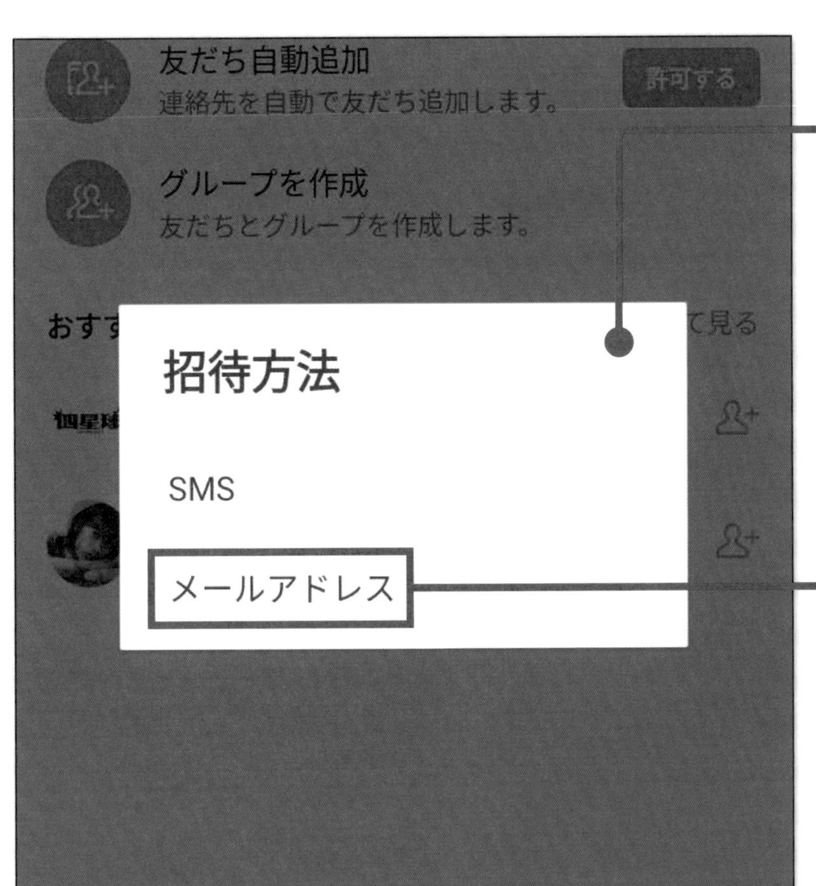

5 招待方法が表示されます

6 [メールアドレス]をタップします

携帯電話の番号を使って送る場合は[SMS]をタップします

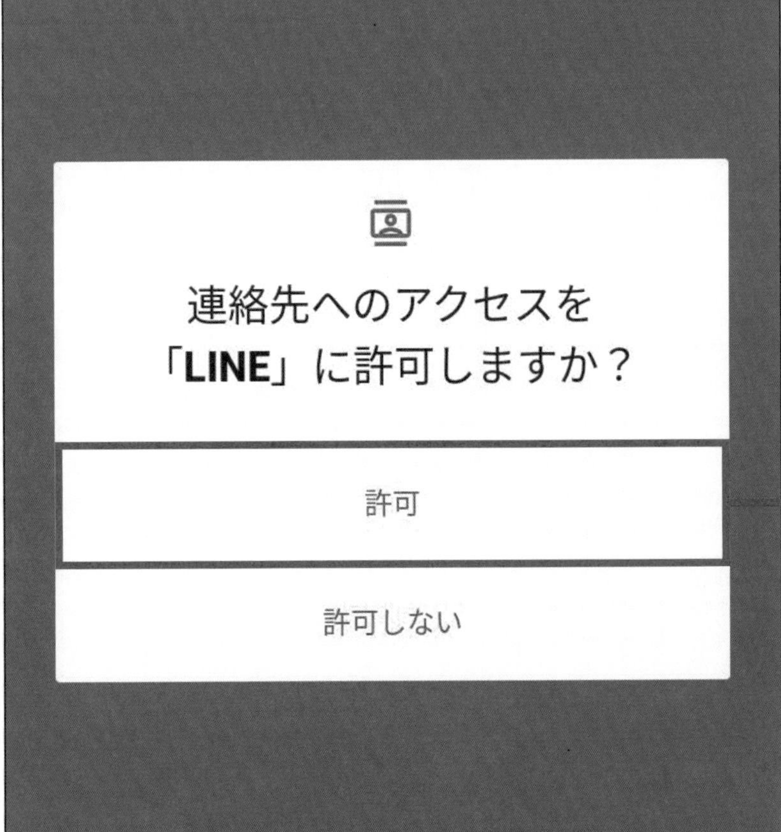

7 連絡先へのアクセス許可が表示された場合は[許可]をタップします

次へ ▶

く メールアドレス ＋

かもめ

@gmail.com 招待

かもめあいこ
@gmail.com 招待

かもめあすか
@gmail.com 招待

かもめいちこ
@gmail.com 招待

かもめかこ
@gmail.com 招待

かもめたろう
@gmail.com 招待

8 スマートフォンの「連絡帳（連絡先）」の一覧が表示されます

9 招待する友だちの[招待]をタップします

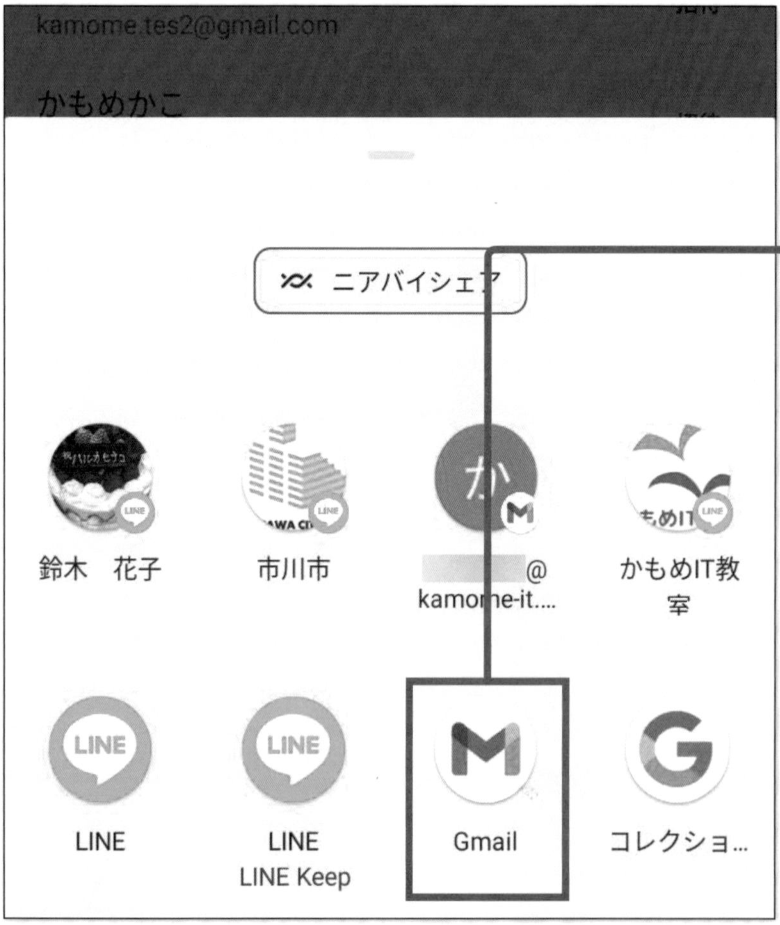

kamome.tes2@gmail.com

かもめかこ

ニアバイシェア

鈴木　花子

市川市

@ kamome-it....

かもめIT教室

LINE

LINE LINE Keep

Gmail

コレクショ...

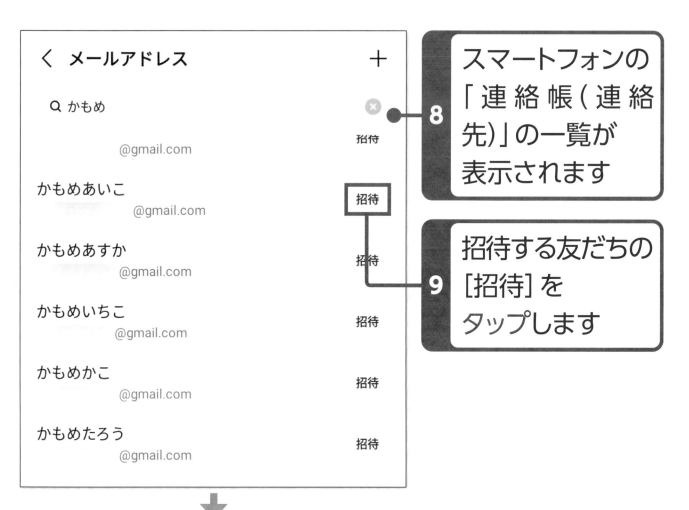

10 送信に利用するアプリの候補が表示された場合は、利用しているメールアプリを選択します

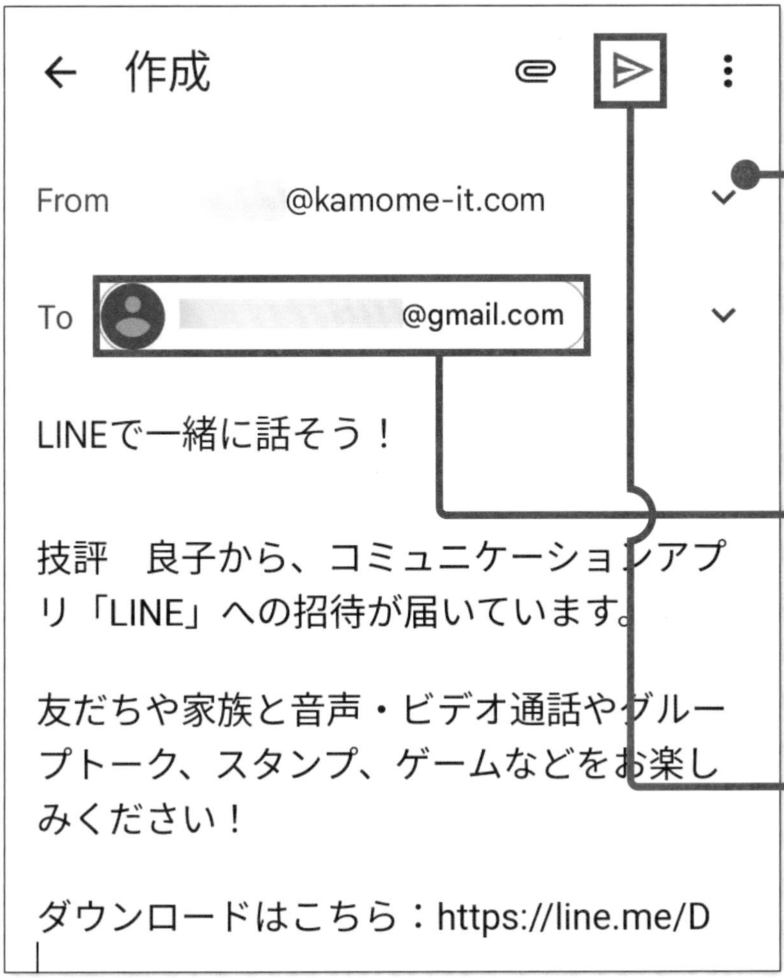

← 作成

From @kamome-it.com

To @gmail.com

LINEで一緒に話そう！

技評　良子から、コミュニケーションアプリ「LINE」への招待が届いています。

友だちや家族と音声・ビデオ通話やグループトーク、スタンプ、ゲームなどをお楽しみください！

ダウンロードはこちら：https://line.me/D

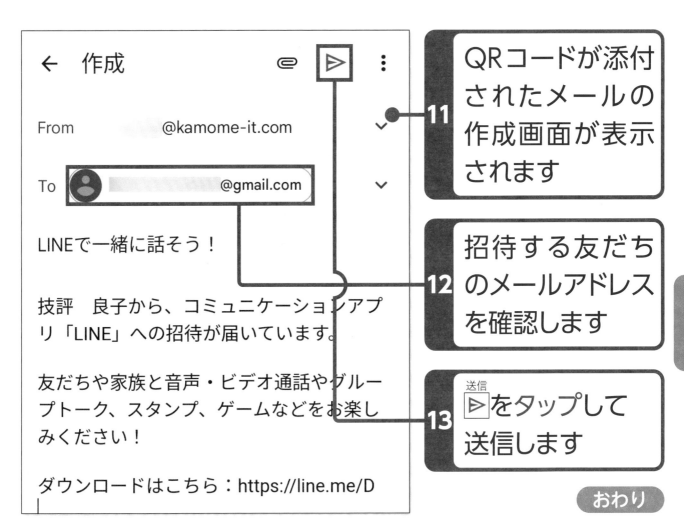

11 QRコードが添付されたメールの作成画面が表示されます

12 招待する友だちのメールアドレスを確認します

13 送信 をタップして送信します

おわり

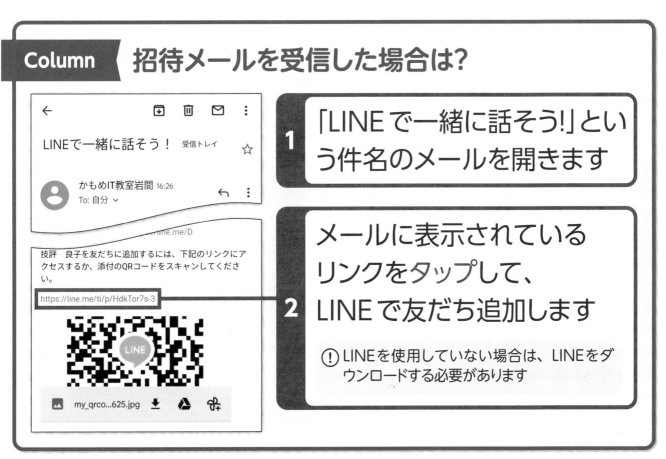

Column 招待メールを受信した場合は?

←

LINEで一緒に話そう！ 受信トレイ

かもめIT教室岩間 16:26
To: 自分

技評　良子を友だちに追加するには、下記のリンクにアクセスするか、添付のQRコードをスキャンしてください。

https://line.me/ti/p/HdkTor7s-3

my_qrco...625.jpg

1 「LINEで一緒に話そう!」という件名のメールを開きます

2 メールに表示されているリンクをタップして、LINEで友だち追加します

ⓘ LINEを使用していない場合は、LINEをダウンロードする必要があります

Section 41

よく使うトークルームを探しやすくしたい

新着メッセージがあるごとにトークルームの順番が入れ替わります。頻繁にトークする相手のトークルームを上部に固定（ピン留め）することで、よく使うトークルームが探しやすくなります。

トークルームをピン留めしよう　Androidの場合

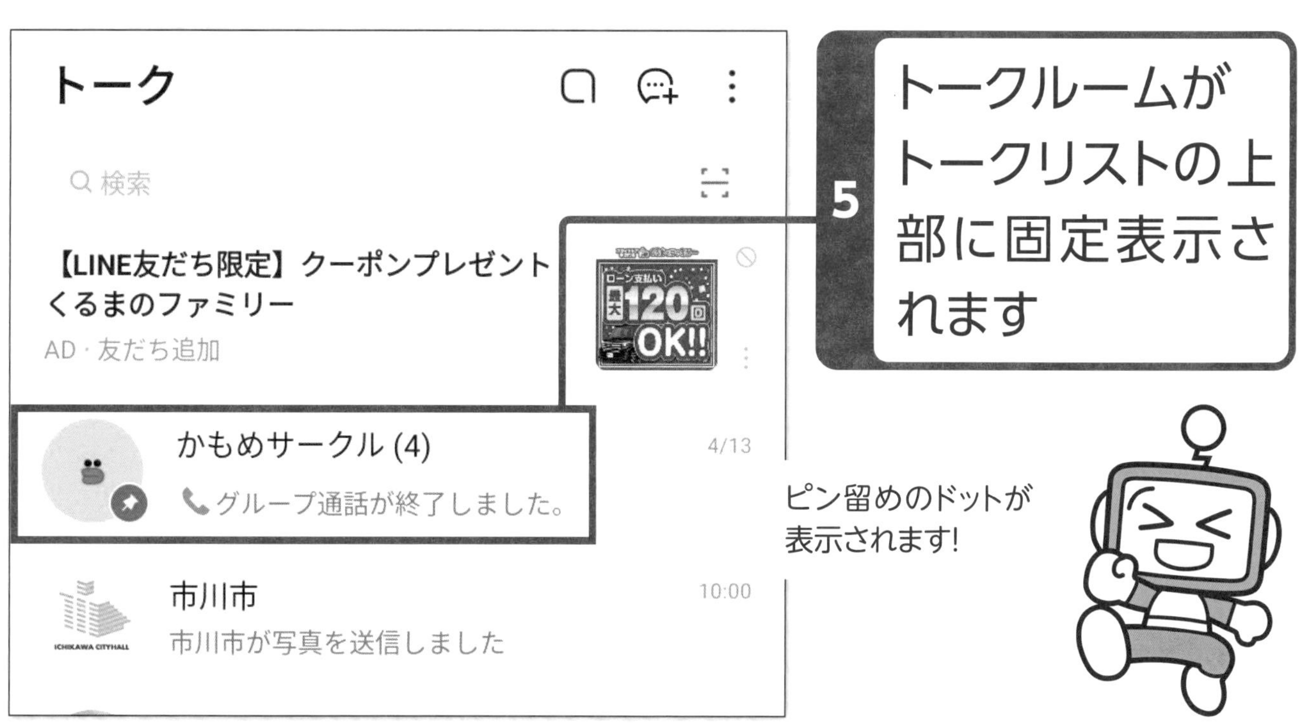

トークルームをピン留めしよう　iPhoneの場合

おわり

Section 42 これまでのトークを保存したい

トークルームでやり取りしたメッセージの履歴はバックアップ（保存）することができます。スマートフォンを機種変更する際には、事前にバックアップしておきましょう。

トークをバックアップする　Androidの場合

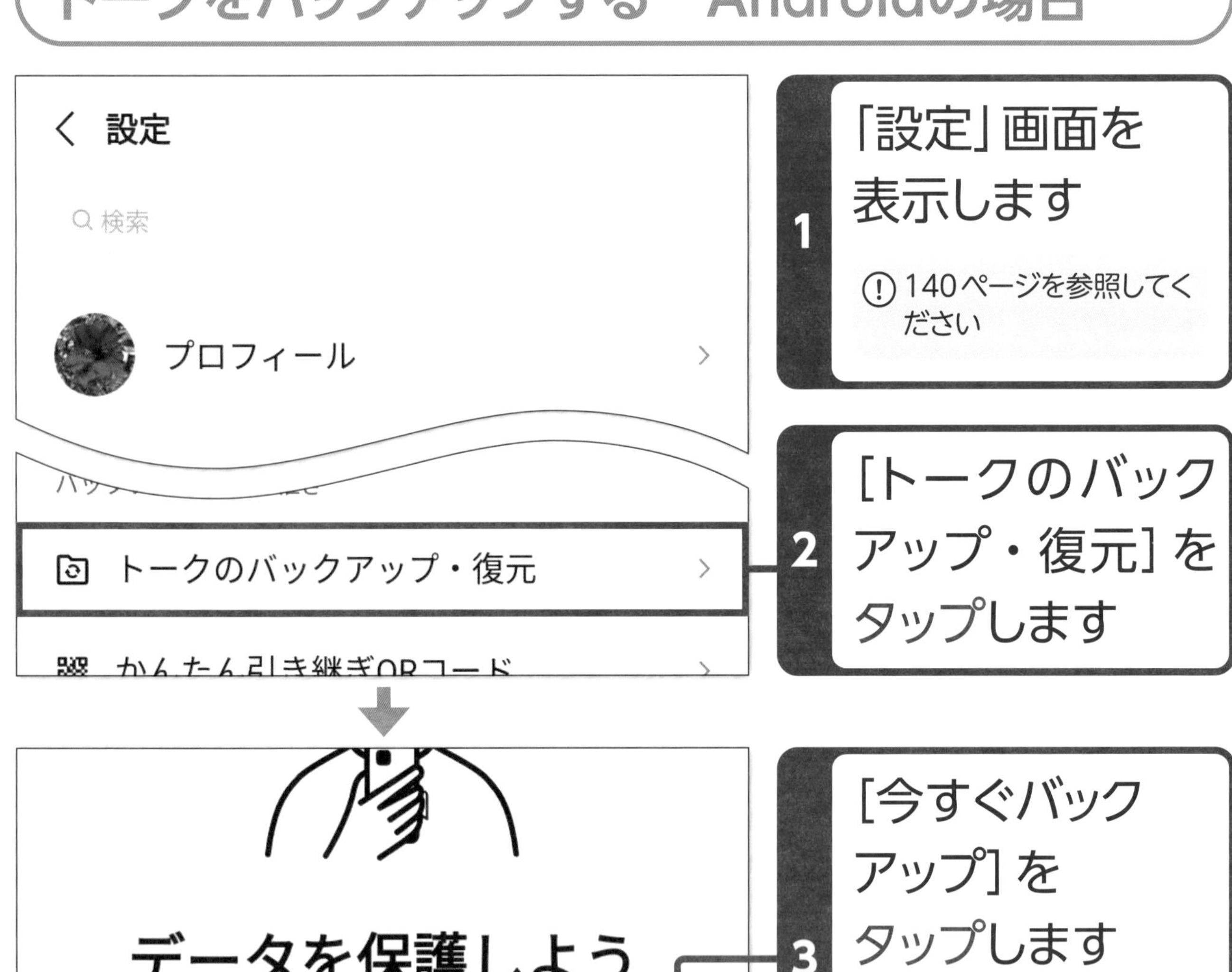

1 「設定」画面を表示します

140ページを参照してください

2 [トークのバックアップ・復元]をタップします

3 [今すぐバックアップ]をタップします

この画面は初めてバックアップをとる場合にのみ表示されます

バックアップ用のPINコードを作成

覚えやすい6桁の数字を入力してください。このPINコードは、アカウントの引き継ぎ時にバックアップされたトーク履歴を復元するために必要です。忘れないようにしてください。

••••••

••••••

4 PINコードの作成画面が表示されます

5 6桁の数字を2回入力します

PINコードは機種変更する際に、バックアップしたトークを新しい機種で復元するのに必要になります

6 をタップします

絶対に忘れないようにしましょう!

LINEと連携しているGoogle アカウントを選択

トーク履歴をGoogle ドライブにバックアップするために使用するGoogle アカウントを選択してください。

アカウントを選択

7 [アカウントを選択] をタップします

初めてバックアップをとる時は、Googleアカウントの設定が必要です

次へ ▶

8 Androidに設定しているGoogleアカウントを選択します

9 [OK] をタップします

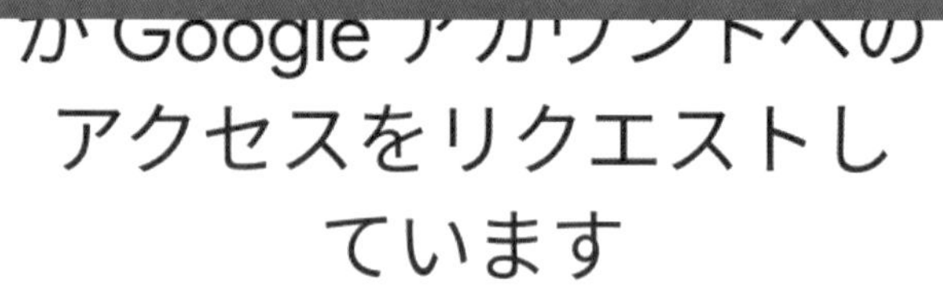

アクセスをリクエストしています
@gmail.com

LINE: Free Calls & Messages に以下を許可します:

Google ドラ

Google でデータ共有を安全に行う方法についての説明をご覧ください。

LINE: Free Calls & Messages のプライバシー ポリシーと利用規約をご覧ください。

キャンセル　許可

10 Googleドライブへのアクセス許可画面が表示されます

11 [許可] をタップします

LINEと連携しているGoogle アカウントを選択

トーク履歴をGoogle ドライブにバックアップするために使用するGoogle アカウントを選択してください。

@gmail.com

バックアップを開始

12 Googleアカウントが選択されました

13 [バックアップを開始] をタップします

トークのバックアップ・復元

ステータス

前回のバックアップ 2023.04.18 11:22

バックアップサイズ 9.28 KB

今すぐバックアップ

設定

バックアップ頻度

Google アカウント @gma...

バックアップ用のPINコード 登録完了 >

14 トークのバックアップが完了しました

15 バックアップした日時が表示されます

次回からは [今すぐバックアップ] をタップしてバックアップします!

次へ ▶

トークをバックアップする　iPhoneの場合

1 「設定」画面を表示します

140ページを参照してください

2 [トークのバックアップ]をタップします

トークのバックアップ

ステータス

前回のバックアップ　-

バックアップサイズ　-

PINコードを作成して今すぐバックアップ

このPINコードは、アカウントの引き継ぎ時に必要です。

詳細を見る

3 [PINコードを作成して今すぐバックアップ]をタップします

iCloudでiCloud DriveとLINEがオンになっていることが必要です。「設定」アプリ→[Apple ID]→[iCloud]で確認できます

バックアップ用のPINコードを作成

覚えやすい6桁の数字を入力してください。このPINコードは、アカウントの引き継ぎ時にバックアップされたトーク履歴を復元するために必要です。忘れないようにしてください。

4 PINコードの作成画面が表示されます

5 6桁の数字を2回入力します

PINコードは機種変更する際に、バックアップしたトークを新しい機種で復元するのに必要になります

6 [→]をタップします

トークのバックアップ

ステータス

前回のバックアップ　今日 11:33

バックアップサイズ　50 KB

今すぐバックアップ

設定

バックアップ頻度

バックアップ頻度は自動的に1週間に設定されます。端末が電源に接続されているときに、選択した頻度でトーク履歴が自動的にバックアップされます。

詳細を見る

7 トークのバックアップが完了しました

8 バックアップした日時が表示されます

次回からは[今すぐバックアップ]をタップしてバックアップします!

おわり

Section 43

機種変更でLINEを引き継ぐ準備をしたい

スマートフォンの機種変更をした場合、LINEのアカウントを引き継いで使用することができます。そのためには、まず旧端末で引継ぎのための準備が必要です。

旧端末で準備すること

●メールアドレスを登録する

メールアドレスを登録しておくと、LINEアカウント引き継ぎの際、パスワードを忘れていても再設定できます。

●パスワードを登録する

旧端末でLINEのアカウント作成時にパスワードを登録した場合は必要ありません（30ページ参照）。忘れた場合は再設定できます。

●トークをバックアップする

トークをバックアップしていれば（170ページ参照）、新しい機種でも今までのトークを表示することができます。

●引き継ぎの設定を有効にする

引き継ぎするための設定を有効にします。

メールアドレスを登録する

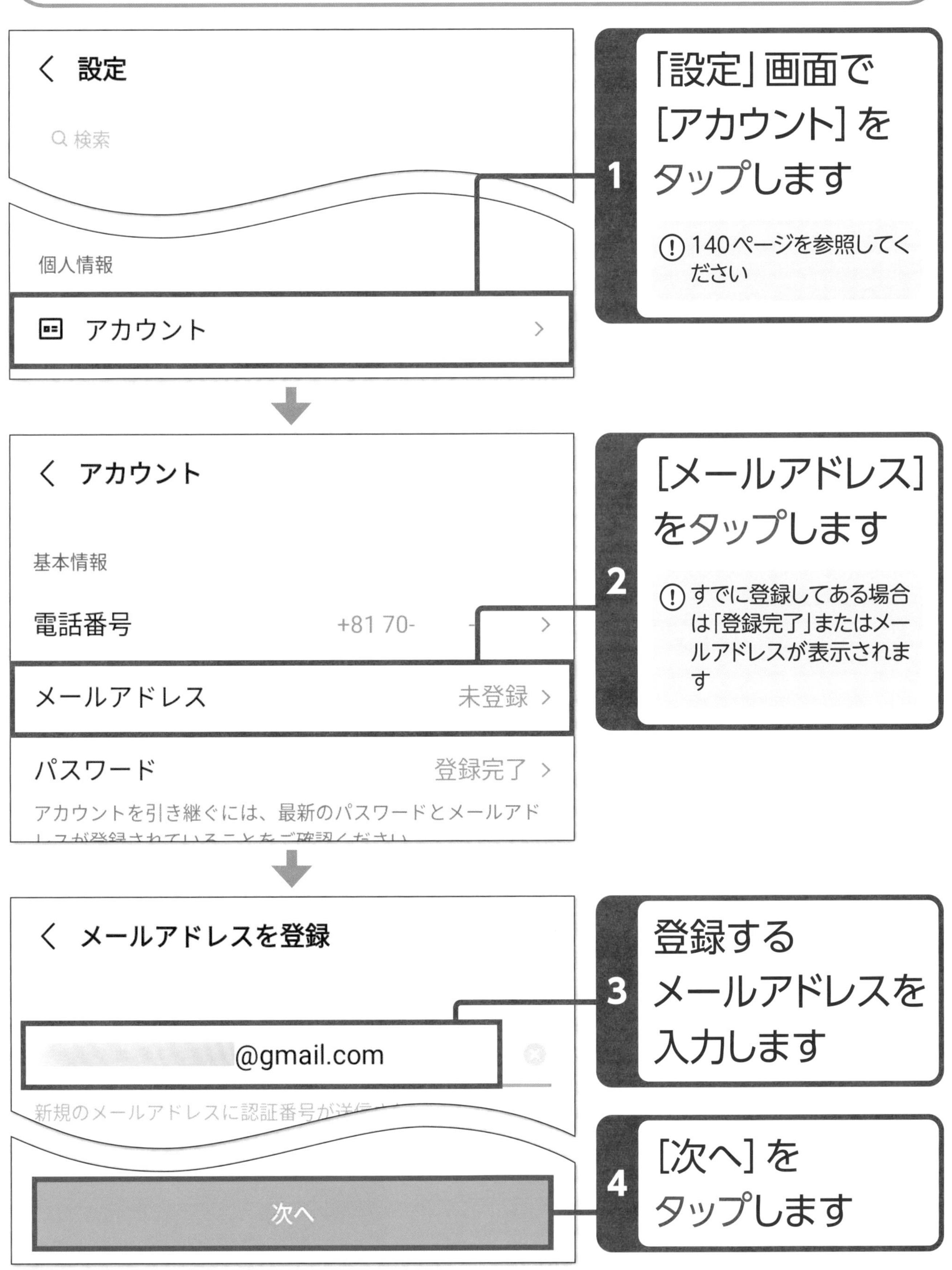

設定
検索
個人情報
アカウント
アカウント
基本情報
電話番号
+81 70-
メールアドレス
未登録
パスワード
登録完了
アカウントを引き継ぐには、最新のパスワードとメールアド
メールアドレスを登録
@gmail.com
新規のメールアドレスに認証番号が送信
次へ
1 「設定」画面で[アカウント]をタップします
140ページを参照してください
2 [メールアドレス]をタップします
すでに登録してある場合は「登録完了」またはメールアドレスが表示されます
3 登録するメールアドレスを入力します
4 [次へ]をタップします

次へ ▶

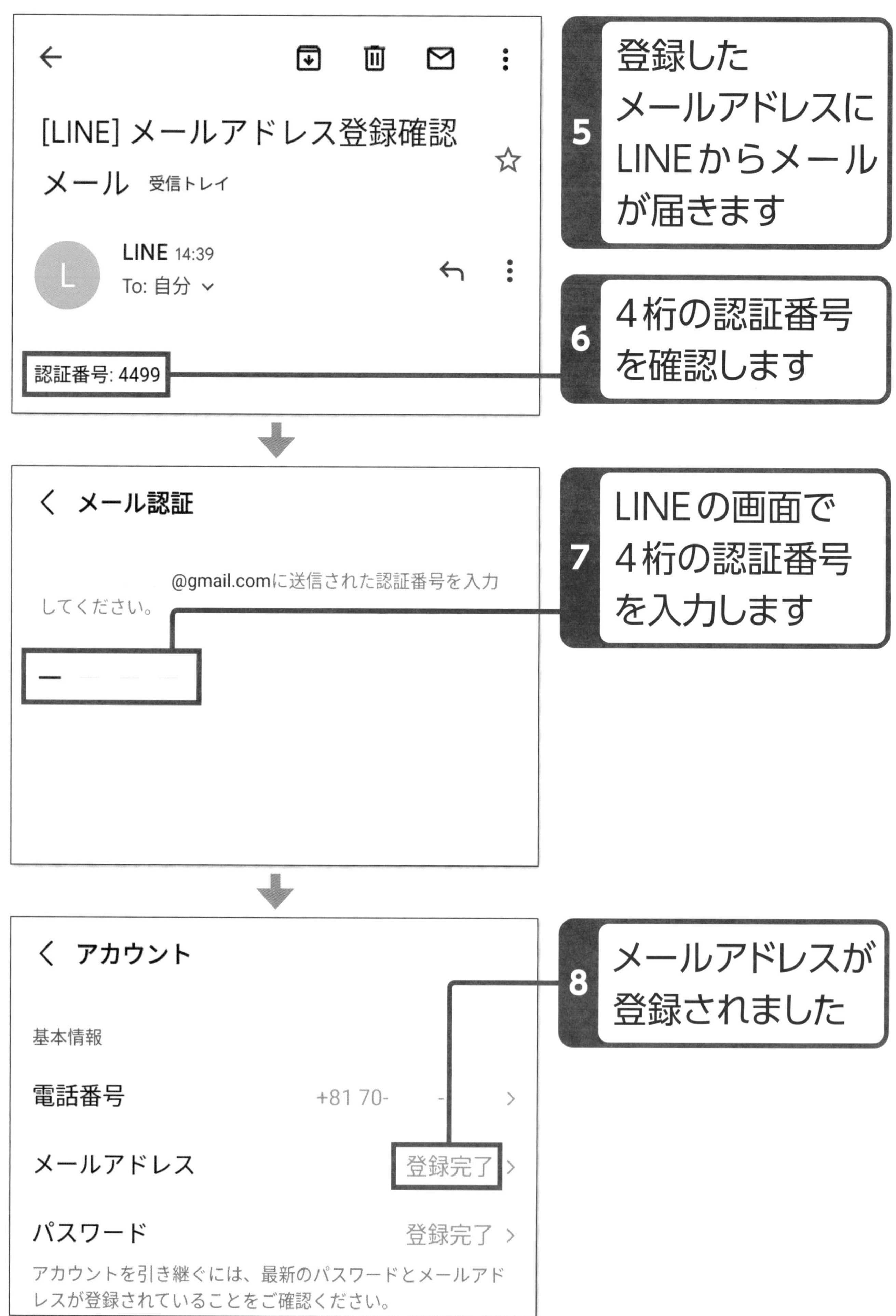
[LINE] メールアドレス登録確認メール 受信トレイ
LINE 14:39
To: 自分
認証番号: 4499
5 登録したメールアドレスにLINEからメールが届きます
6 4桁の認証番号を確認します
メール認証
@gmail.comに送信された認証番号を入力してください。
7 LINEの画面で4桁の認証番号を入力します
アカウント
基本情報
電話番号
+81 70-
メールアドレス
登録完了
パスワード
登録完了
アカウントを引き継ぐには、最新のパスワードとメールアドレスが登録されていることをご確認ください。
8 メールアドレスが登録されました

パスワードを登録する

< アカウント

基本情報

電話番号 +81 70- - >

メールアドレス 登録完了 >

パスワード 登録完了 >

アカウントを引き継ぐには、最新のパスワードとメールアドレスが登録されていることをご確認ください。

生体情報 連携する

Facebook 連携する

1 「設定」画面で[アカウント]をタップします

ⓘ 140ページを参照してください

2 「パスワード」をタップします

ⓘ スマートフォンの画面ロックを設定している場合はロック解除の操作が必要です

パスワードが一致しました。

パスワードは忘れないようにしましょう!

変更

3 登録するパスワードを2回入力します

ⓘ パスワードは、半角の英大文字、英小文字、数字、記号から3種類以上の組み合わせで、8文字以上で設定します

4 [変更]をタップして登録します

次へ ▶

トーク履歴をバックアップする

170～175ページを参考にして、トーク履歴をバックアップしておきましょう。

トークをバックアップしておかないと、新端末で過去のトーク内容を見ることができなくなりますよ!

引継ぎの設定を有効にする

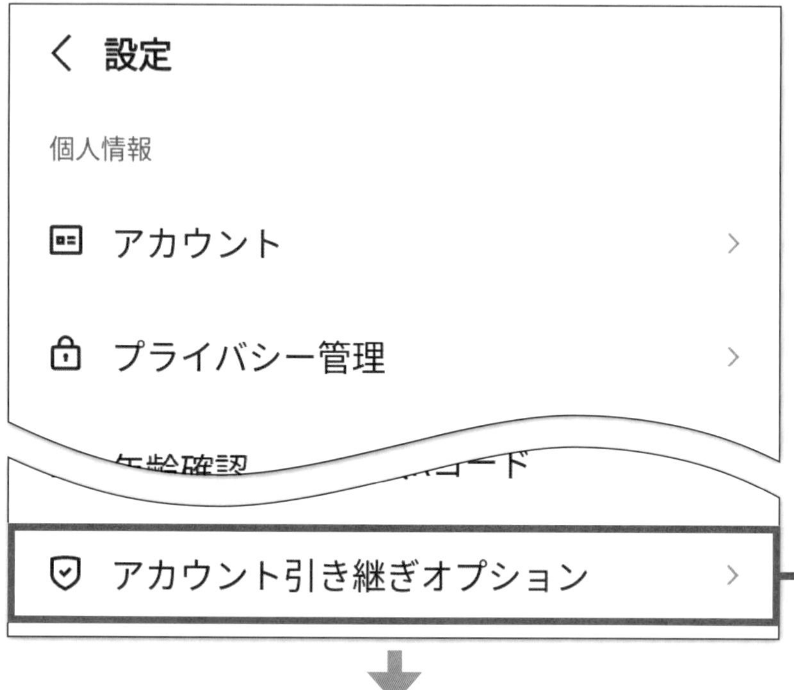

1 「設定」画面を表示します

ⓘ 140ページを参照してください

2 [アカウント引き継ぎオプション]をタップします

3 [2段階認証をスキップ]の○—をタップします

2段階認証をスキップして、別のスマートフォンにアカウントを引き継ぐことができます。
オンにしてから一定時間が経過するか、引き継ぎが正常に完了すると、設定が自動的にオフになります。

この設定が必要なケースを見る

設定をオンにしてから36時間の間、他のスマートフォンにアカウントを引き継げます。 アカウントを引き継がない場合は設定を変更しないでください。オンにしますか？

キャンセル　オンにする

4 メッセージの内容を確認します

5 [オンにする] をタップします

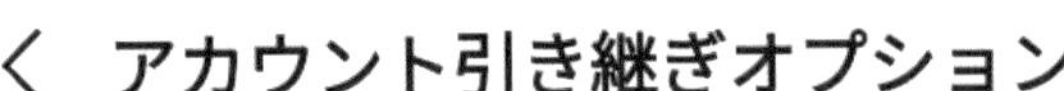

< アカウント引き継ぎオプション

2段階認証をスキップ

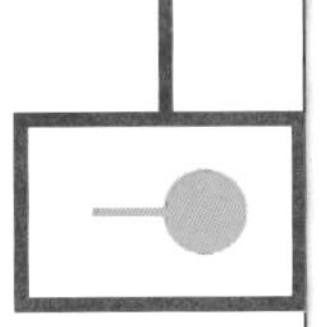

残り時間: 35:59:58

引き継ぎしない場合は絶対に設定をオンにしないでください
2段階認証をスキップして、別のスマートフォンにアカウントを引き継ぐことができます。
オンにしてから一定時間が経過するか、引き継ぎが正常に完了すると、設定が自動的にオフになります。

この設定が必要なケースを見る

6 アカウントの引き継ぎが有効になりました

! 安全上のため、36時間以内に新端末で引き継ぎが行われない場合、引き継ぎ設定は自動的に無効になります

これで旧端末での引き継ぎ準備が整いました! 次に新しい端末で引き継ぎ準備を行いましょう! 解説は次のページからはじまります

おわり

Section 44

新しいスマホにLINEアカウントを引き継ぎたい

176ページを参考に旧端末で引き継ぎの準備ができたら、次は新端末の方でアカウントの引き継ぎの設定を行いましょう。トーク履歴をバックアップしている場合はトーク履歴の復元も行いましょう。

電話番号でLINEにログインしよう

1 新端末でLINEアプリを起動します

2 [ログイン]をタップします

3 [電話番号でログイン]をタップします

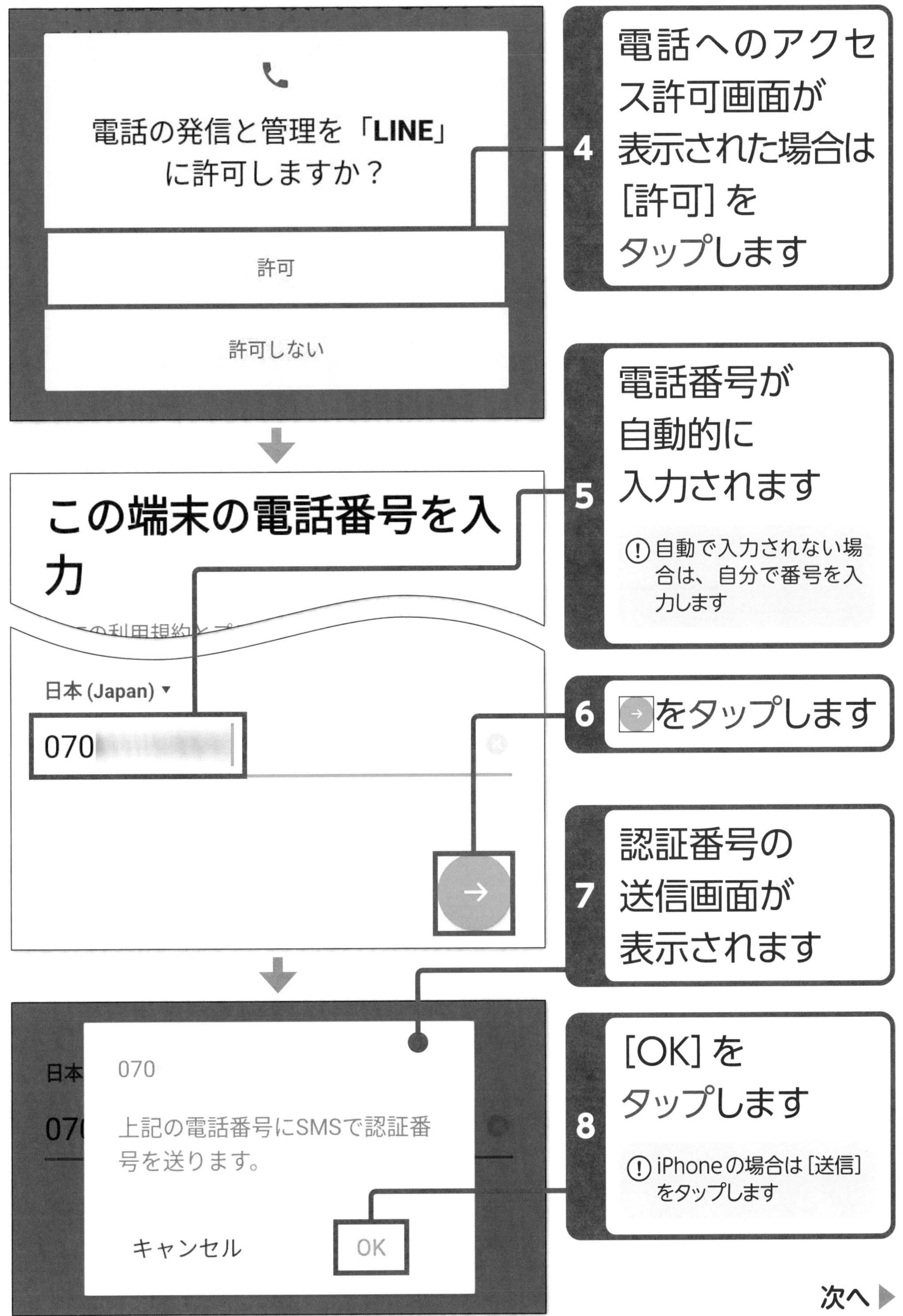
電話の発信と管理を「LINE」に許可しますか？
許可
許可しない
4 電話へのアクセス許可画面が表示された場合は[許可]をタップします
この端末の電話番号を入力
日本 (Japan)
070
5 電話番号が自動的に入力されます
自動で入力されない場合は、自分で番号を入力します
6 →をタップします
7 認証番号の送信画面が表示されます
070
上記の電話番号にSMSで認証番号を送ります。
キャンセル
OK
8 [OK]をタップします
iPhoneの場合は[送信]をタップします

次へ

認証番号を入力

070　　　　にSMSで認証番号を送信しました。

9 メッセージアプリで送られてきた認証番号を確認します

10 認証番号を入力します

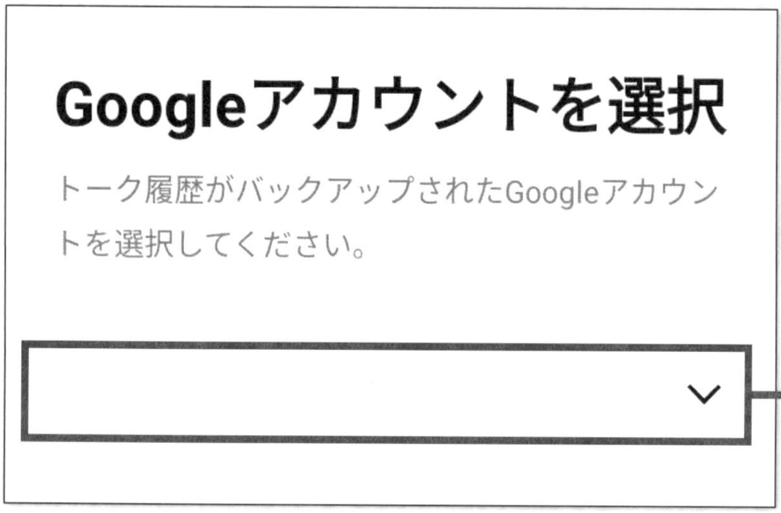

Googleアカウントを選択

トーク履歴がバックアップされたGoogleアカウントを選択してください。

11 Androidの場合は[アカウントを選択]をタップします

(!) iPhoneの場合は次ページへ進みます

(!) 連絡先へのアクセス許可が表示された場合は[許可]をタップします

LINEのアカウントの選択

@gmail.com

@gmail.com

@gmail.com

@gmail.com

@gmail.com

アカウントを追加

キャンセル　OK

12 Googleアカウントを選択します

13 [OK]をタップします

アカウントを引き継ごう

Googleアカウントを選択

トーク履歴がバックアップされたGoogleアカウントを選択してください。

@gmail.com

前回のバックアップ
2023.04.19 11:20

トーク履歴を復元

スキップ

1 Googleアカウントが選択できました

iPhoneの場合、iCloudからトーク履歴を復元します

2 [トーク履歴を復元] をタップします

バックアップ用のPINコードを入力

[トークのバックアップ]設定で作成した6桁の数字のPINコードを入力してください。

3 トークをバックアップした際に作成した6桁のPINコードを入力します

次へ ▶

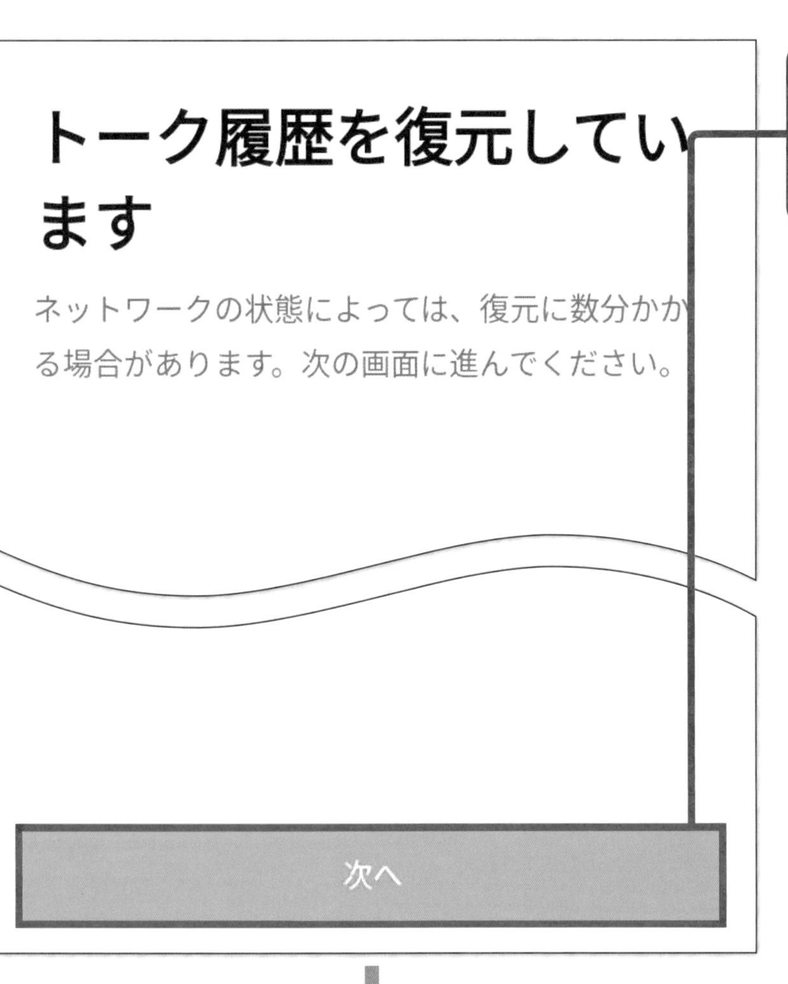

トーク履歴を復元しています
ネットワークの状態によっては、復元に数分かかる場合があります。次の画面に進んでください。
次へ

4 [次へ]をタップします

友だち追加設定

以下の設定をオンにすると、LINEは友だち追加のためにあなたの電話番号や端末の連絡先を利用します。
詳細を確認するには各設定をタップしてください。

友だち自動追加

友だちへの追加を許可

→

5 「友だち追加設定」画面が表示されます

6 両方のチェックをオフにします

7 →をタップします

年齢確認

より安心できる利用環境を提供するため、年齢確認を行ってください。

または

その他の事業者をご契約の方

あとで

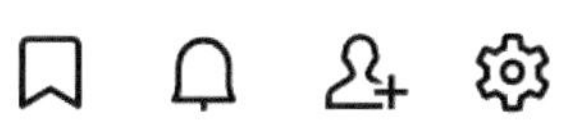

8 年齢確認画面が表示されます

9 [あとで] をタップします

技評　良子
ステータスメッセージを入力

BGMを設定

AIオープンチャット >

友だちリスト　すべて見る

友だち
鈴木　花子, かもめIT教室 岩間, 佐藤太郎　3 >

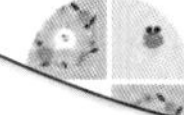

グループ
ワインを楽しむ…

おすすめのオープンチャット　もっと見る

10 LINEのホーム画面が表示されます

11 LINEのアカウント引き継ぎが完了しました

おわり

Section 45

LINEを退会したい

事情があってLINEを退会したい場合は、アカウントを削除します。アカウントを削除する際に表示される注意事項をしっかり確認し、慎重に作業を行いましょう。

アカウントを削除しよう

1 「設定」画面を表示します

140ページを参照してください

2 [アカウント] をタップします

LINEのWebログイン時に2要素認証を行います。
※2要素認証が必須となるサービスもあります。

パスワードでログイン

あなたのアカウントの安全を確保するため、[パスワードでログイン]は、できる限りオフ…す。
※オフの状態でも、他の方法…

アカウント削除

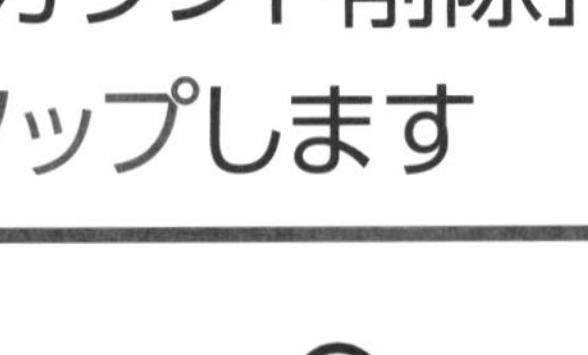

3 [アカウント削除] をタップします

アカウントを削除してもLINEアプリはスマートフォンに残ります!
アプリを削除する場合は、アンインストールします!

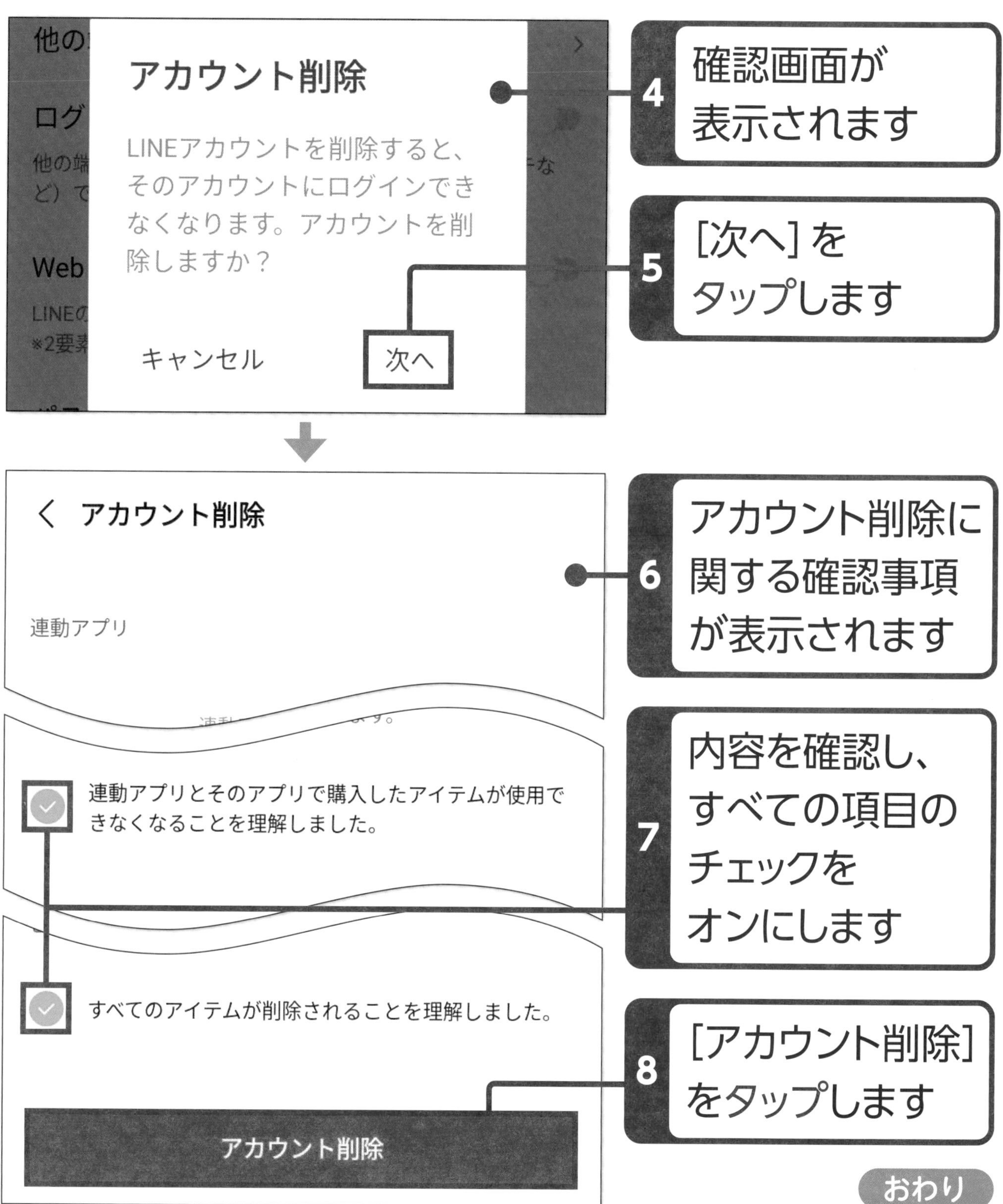
アカウント削除
LINEアカウントを削除すると、そのアカウントにログインできなくなります。アカウントを削除しますか？
キャンセル
次へ
4 確認画面が表示されます
5 [次へ]をタップします
アカウント削除
連動アプリ
連動アプリとそのアプリで購入したアイテムが使用できなくなることを理解しました。
すべてのアイテムが削除されることを理解しました。
アカウント削除
6 アカウント削除に関する確認事項が表示されます
7 内容を確認し、すべての項目のチェックをオンにします
8 [アカウント削除]をタップします

おわり

Column 退会したことは友だちに通知されるの?

退会したことは友だちには通知されませんが、相手側の友だちリストからは自動的に削除されます。

INDEX 索引

英字

あ行

か行

さ行

た・な行

は行

ま行

や・ら行

著者プロフィール

岩間　麻帆（いわま　まほ）

千葉県市川市在住。シニア向けにパソコンやスマートフォンなどのマンツーマンレッスンを行う「かもめＩＴ教室」代表。中高年から高齢者、初心者など一人ひとりと親身に向き合い、パソコンやスマホ、タブレット、ホームページ作成講座などを行っている。

かもめIT教室
https://www.kamome-it.com/

問い合わせ先

〒162-0846
東京都新宿区市谷左内町21-13
株式会社技術評論社　書籍編集部
「大きな字でわかりやすい
LINEライン入門［改訂新版］」質問係
FAX番号　03-3513-6167

URL：https://book.gihyo.jp/116

大きな字でわかりやすい
LINEライン入門［改訂新版］

2019年　3月　8日　初版　第1刷発行
2023年　9月　5日　2版　第1刷発行
2024年　5月23日　2版　第2刷発行

著　者●岩間麻帆
発行者●片岡　巌
発行所●株式会社　技術評論社
東京都新宿区市谷左内町21-13
電話　03-3513-6150　販売促進部
03-3513-6160　書籍編集部
カバーイラスト●イラスト工房（株式会社アット）
本文デザイン●アーク・ビジュアル・ワークス
本文イラスト●コルシカ
DTP●リンクアップ
担当●荻原祐二
製本／印刷●大日本印刷株式会社

定価はカバーに表示してあります。

ISBN 978-4-297-13619-2 C3055
Printed in Japan

お問い合わせについて

本書に関するご質問については、本書に記載されている内容に関するもののみとさせていただきます。本書の内容と関係のないご質問につきましては、一切お答えできませんので、あらかじめご了承ください。また、電話でのご質問は受け付けておりませんので、必ずFAXか書面にて左記「問い合わせ先」までお送りください。
なお、ご質問の際には、必ず以下の項目を明記していただきますようお願いいたします。

1. お名前
2. 返信先の住所またはFAX番号
3. 書名
（大きな字でわかりやすい
LINEライン入門［改訂新版］）
4. 本書の該当ページ
5. ご使用の機種とOSのバージョン
6. ご質問内容

お送りいただいたご質問には、できる限り迅速にお答えできるよう努力いたしておりますが、場合によってはお答えするまでに時間がかかることがあります。また、回答の期日をご指定なさっても、ご希望にお応えできるとは限りません。あらかじめご了承くださいますよう、お願いいたします。
ご質問の際に記載いただいた個人情報はご質問の返答以外の目的には使用いたしません。また、返答後はすみやかに破棄させていただきます。

■お問い合わせの例

FAX

1 **お名前**
技術　太郎

2 **返信先の住所またはFAX番号**
03-XXXX-XXXX

3 **書名**
大きな字でわかりやすい
LINEライン入門［改訂新版］

4 **本書の該当ページ**
74ページ

5 **ご使用の機種とOSのバージョン**
AQUOS wish2
Android12

6 **ご質問内容**
写真が表示されない